最終講義

研究者としての半生を振り返って

―自然に学び、調和する、夢のある楽しい科学技術―

吉野 勝美 著

コロナ社

大学の教官の任務は研究と教育であるが、研究と教育は別個のものでなく、研究で得た新しい成果、知見がうまく反映、発揮されることで最も効果的に教育が進められる。それであるからこそ、個々の教官の個性が教育に現れるのである。また、逆に教育を行っている過程で、あるいは学生との対話の中で新たな研究に対するアイデアが突然わきあがることや、未解決の問題に対する解決の指針が得られることもあり、研究と教育は互いに強くカップルしていると云える。日本の場合、定年は大学によってまちまちであるが、大体六十～六五歳のあたりであり、大阪大学では六三歳である。

この定年の少し前、大学に在職中最後に行う講義が最終講義であり、三月二十一日で定年であるので、大体一～三月の間に行われることが多い。もっとも、最近ではこれをやらない先生もある。この最終講義を、平素、毎週行っている正規の講義時間の中で行う人もあるが、多くは少し広い会場で、特定の学科、特定の学年の学生に限定することなく、一般人を含めた少し広い範囲の方々を対象に行われることが多く、学生の他、研究室のメンバー、研究仲間、研究でつながりのある人、卒業生、個人的につながりのある方など出席者は様々である。

そこにはずいぶん個性が現れ、人によってまちまちであり、タイトル、取り扱う話の内容も多様である。

先に教官と述べたが、実はこれは平成十六年三月末までのことであった。国立大学の教育に絡む者は国家公務員であり、教育に関与する官吏と形式上みなされていたため、教官と呼ばれていたのである。したがって、国立大学が国立大学法人となった平成十六年四月以降は正式には教官とは呼ばずに教員と呼ばれることになったのである。もっとも教授と呼ばれることには変わりはない。従がって、平成十七年に退職する者にとっては身分は教官ではなく教員が正しく、また以前、定年退官と云っていたのは定年退職と云うのが正式になるのである。

この平成十七年三月に定年となる小生は、定年直前の二月初めに最終講義を行うことになった。場所は大阪大学吹田キャンパス内にある銀杏会館の三階、一番大きな会場である阪急・三和銀行ホールである。

この年の電子工学専攻長である栖原敏明教授の司会で始まったが、ホールは満室で、立ち見の方もあったので三〇〇人は優に超えていたであろう。こんなにも多数の方々に来ていただいておおいに感激して話を始めた。

当日の録音されたもの、一部には音声が聞きとりにくいところもあったが、ほぼそれに忠実に再現したものが本書である。当日の資料を見せて欲しい、パワーポイントの図をプリントアウトして欲しいと云うような要請が多かったので、勧めに従って恥をしのんで活字として残すことになったのである。

当日の準備を進めていただいた、電子工学専攻の教職員の方々、特に尾崎雅則助教授、藤井彰彦学内講師、金子千恵子秘書、尾崎良太郎君、西原雄介君、吉田悠一君、梅田時由君をはじめとする大学院博士課程、修士課程の学生さん、さらに学部の卒業研究の学生さんたちに謝意を表したい。

最後に、六十三歳となり定年を迎えるに当たって思うことは、ここまであきれられるほどの猛烈な仕事人間であることが出来たと云うことは、家庭のことは殆ど放りっぱなし、任せっ放しが出来たからこそであり、妻和子と三人の娘、瑞穂、香苗、智恵に感謝すると共に随分迷惑をかけたことを申し訳なく思っている。また、そんなかなりの無茶が可能な丈夫な体を与え、わがままを許し、温かく見守ってくれた、亡父秀男、母政子、姉迪子、兄富夫、弟隆夫、妹敬子、更に多くの縁者、恩師、友人、知人に謝意を表したい。研究室を始め大学などの多くの学生さん、先輩、仕事の上あるいは様々な形で出会った方々には、日々の生活を豊かに、暖かいものにしていただき、仕事をすすめる新しい活力、アイデアを与えていただいたことに対し大いに感謝している。

尚、後半に平成十七年に入ってからの各種雑誌の巻頭言、会合での挨拶などの記録、更に一連の個人的なメモのうち以前の出版物（自然、人間、方言備忘録（信山社、一九九二）、雑学、雑談、独り言（信山社、一九九二）、雑音、雑念、雑言録（信山社、一九九三）、吉人天相（コロナ社、一九九四）、過去未来五十年（コロナ社、一九九五）、番外講義（コロナ社、一九九七）、温故知新五十年（コロナ社、二〇〇〇）、番外国際交流（コロナ社、）、番外研究こぼれ話（コロナ社、二〇〇三）に掲載され忘れたものの中のいくつかも収録してあるが、いずれにしてもまとまりのない戯言であり、恥ずかしい限りであるが、話の種、笑いの種にでもして頂くところが少しでもあれば幸甚である。

平成十七年五月五日

目　次

一　最終講義

一・一　はじめに

本日は私の最終講義に、大変お忙しい中ではなかったかと思うのですが、またご遠方から、かくも多くの方々にご参加いただきまして、大変光栄に存知ますと共に深く感謝致しております。どうもありがとうございます。

私は非常にいい加減な人間でございまして、講義と云うのは直前じゃないと準備しないたちでして、頷いてられる方がおられますが（爆笑）、また、〝パワーポイントを使う時代になってもいつまでもＯＨＰを使っていますので、今日もＯＨＰを使おうと思っていたんですが、ここにＯＨＰの装置が設置されていないので使えないと云うことでしたので、急ごしらえのパワーポイントを使います。だけど、いつもの通り風呂敷包みにＯＨＰシートを入れてこないと落ち着かないので、またそれを期待しておられる方もおられると思いますので、風呂敷包みを持ってきましたが、もっとも中身はパワーポイントの図面を打ち出したものです。（笑い）　実際、これまで、いろんな所で講演します場合、大量のＯＨＰを手品師のように取り出しながら早口でまくし立てますので、講演の中身より、私の鮮やかな手さばきを楽しみにしておられる方もありました。だから、講演が良かったのではなくて、面白かった、と云われることがしばしばありました。（爆笑）

今日の講演のタイトルは

〝研究者としての半生を振り返って〝

―自然に学び、調和する、夢のある楽しい科学技術―

となっていますが、これも私のズボラからこうなったわけです。今日、司会をしていただいています栖原教授から、〝最終講義のタイトルをご提出下さい〟と云う話が先般ありましたが、こちらも準備する間がありませんでしたので、何でも良いようにこう云うタイトルとしておいたわけでございます。これですと何でもしゃべれますので。（笑い）　まあ、それでも数日前になって、これだけじゃまずいなと思って、追加して私のやっていることの一部　〝有機エレクトロニクスとフォトニック結晶〟、これを付け加えたわけであります。

今日の話の内容、アウトラインですが、まず　〝はじめに〟で前置きの話をしまして、次に、〝背景と経緯〟、これも〝はじめに〟と一緒のことですが、これを話して、次いで研究の一部の話もしないといけませんから、〝有機エレクトロニクスとフォトニック結晶〟、と続きます。もっとも、こう分けて書いていますが、実際にはごちゃ混ぜに話します。学生さんもおられますから、最後の方で〝私が研究を通じて知ったこと、思ったこと〟、これを一寸述べさせてもらって、〝おわりに〟にしたいと思います。

皆さんよくご承知のことと思いますが、研究者にはいろんなタイプがありまして、皆さんが話を聞かれます時には、この人、この男は一体どんな人だろうと云うことを予め知って聞かれたほうが安心でございます。変なことを信じて間違われたら大変ですから。

どんなタイプの人がいるかと云うのは、これは農業に例えて比較しながら云うことができます。（図１）

まず、畑を耕す人、種を蒔く人がいます。それに水をやり、育てる人がいます。さらに、それを刈り取って、収穫する人がいます。次に、処理加工する人がいます。販売する人がいます。ガッポリ儲ける人がいます。（爆笑）中には、やれやれとけしかける人がいます。けしかけるだけで何にもやらずに恩恵にあずかる人がいます。

その中で私はどれかと云うと、まあ、耕して、種を蒔くあたりと思っています。

研究者のタイプ

耕す人
種を蒔く人
水をやる人
育てる人
刈り取る人
収穫する人
処理加工する人
販売する人
がっぽり儲ける人
やれやれとけしかける人
何にもやらずうまく恩恵に与る人

図1

何か耕していますが、それが本当に良い畑になるのかどうかわかりませんし、責任も持ちません。種を蒔きますが、それから良い芽が出るかどうかもわかりません。この中からどなたかが良いものを拾い出してやってくれたら有難いな、と云うことでこれまでずっとやってきたわけです。

もう一つ云っておきますと、私の性格はもの凄くガツガツと仕事をやるタイプです。親からもらった比較的丈夫な体を使って、まあ、普通の人が仕事されるよりあくどいくらい一生懸命走り回るタイプです。こうなった背景を少しご説明いたします。

一・二　背景と経緯

私は先ほどもご紹介いただいたのですが、昭和十六年十二月十日に島根県の玉湯村と云う所で生まれました。一九六四年大阪大学を卒業して以来、ようどこにも行けず、そのまま大阪大学に残って、今年、定年を迎えたわけです。(図２)

私の生まれた時代はどんな時代であったかと云いますと、当時の新聞を見たらよく分ります。これは昭和十六年十一月九日の新聞ですが、その前日の十二月八日に日米開戦でハワイ、フィリッピンを攻撃して大成果をおさめたと出ています。(図３) 朝日新聞にもこんなこと書いていますね。

私の生まれたのは十二月十日ですから、従って十日の出来事を知るには十二月十一日の新聞を見ます。(図４) すると、英国の東洋艦隊のプリンスオブウェールズとレパルスと云う当時の最新鋭の軍艦をマレー沖で撃沈したと出ています。そう云う時が私の生まれた時代ですから、そう云う時代背景で、どちらかと云うと大変な時、必死にやらなければならなかった時代に生まれたわけです。これが私の性格、行動

1941年	12月10日	島根県八束郡玉湯村　生まれ
1948年		玉湯小学校入学
1954年		玉湯中学校入学
1957年		松江高等学校入学
1960年		大阪大学工学部電気工学科入学
1964年		大阪大学大学院工学研究科電気工学専攻修士課程入学
1966年		大阪大学大学院工学研究科電気工学専攻博士課程進学
1969年		大阪大学助手　（工学部電気工学科）
1972年		大阪大学講師
1974年-1975年		ハーン・マイトナー原子核研究所（ベルリン）客員研究員
1978年		大阪大学助教授
1988年		大阪大学教授　（工学部電子工学科）
1997年-2001年		東北大学教授併任
2005年		大阪大学定年

図２

朝日新聞

ハワイ 比島に赫々の大戦果

米海軍に致命的大鐵槌
戰艦六隻を轟沈大破す
航母一、大巡四をも撃破

畏し陸海将兵に勅語

戰艦ウエスト・ヴアージニア撃沈

比島で敵機百を撃墜

米自慢の「空の要塞」撃滅

ウエーク島を占領

泰に友好進駐〔交渉成立〕

皇軍 シヤム灣に上陸

ホノルルに大火災

陸鷲香港の敵機を撃砕

ルソン島北部飛行場爆撃

香港方面全沿岸を封鎖

マレイ半島上空を制壓するわが陸鷲

絶對有利の大布石

國民貯蓄組合預金御取扱 三井銀行

図３．昭和16年12月９日 朝日新聞朝刊第一面

朝日新聞

英東洋艦隊主力全滅す

海の荒鷲又もや大殊勲
戰艦プリンス・オブ・ウエールズ爆沈
レパルス號をも轟沈す

英海軍省確認

英哨海艇撃沈

海軍の偉功を御嘉尚
山本司令長官に勅語を賜ふ

太平洋制海權掌握へ
無敵海軍開戰三日の大戰果

我が損害は僅少
海軍艦艇損失なし
陸海軍機五一機のみ

比島上陸軍戰果を擴大

わが軍續いて上陸
北部馬來の制空權確保

グアム上陸に成功

撃沈された英の二戰艦

我損害 率直に公表
米苦しまぎれのデマ

けふ重要外交案件發表

貯蓄 7000000000

図４．昭和16年12月11日 朝日新聞朝刊第一面

朝日新聞

靖國の英靈神鎭まる

招魂式の儀

淨闇に御羽車の幽光

ウオッゼに四十八機

英印軍の主力混亂

インパール

熱意と創意

さあ新目標への進發だ！

三百六拾億円

實業之日本

図５．昭和19年４月24日 朝日新聞朝刊第一面

様式を決めることになる原点のように思います。

これは昭和十九年頃の新聞ですが（図５）、面白いのはここ、下の所であります。この下の広告を見ると、広告って時代を反映しているのか、結構面白いものですね。何と殆どが薬の宣伝です。そのころは結核が多かったらしいですし、回虫の人、お腹に虫のいる人も多かったんですね、マクノール、と書いてあります。これはなんだかわかりませんが、女性にオバホルモンと云うのがあります。（爆笑）他にいろいろあります。

ここに、もう一つ面白いことが書いてあります。みんなで貯蓄をしよう、目標は三六〇億円、国民全員の貯金として三六〇億円しようと云うわけです。玉湯村の年間予算が三十億円くらいですから、私の村の予算の十倍、それだけが国民総資産だったと云う、そう云う時代であったわけです。現在の我が国の年間予算が一〇〇兆円前後ですから、大変な違いです。

従って、こう云う時代背景があって、私がこんなとんでもないタイプになったわけであります。

もう一つ云っておきたいのは、私は島根県の出雲地方と云う所に生まれて、そこで育ちました。そこには宍道湖と云う湖があります。ここは非常に良い所です、皆さんにすぐには信じてもらえませんが、行ったらすぐ納得してもらえます。

この図（図６）は家の横から玉湯川越しに宍道湖方面を見た写真で、春は堤防の桜がとてもきれいです。（表紙カバー、カラー写真参照）

これが航空写真、昭和五十年代の航空写真です。（図７）　余り綺麗に写ってはいませんが、これは玉造温泉を通って流れる下流の所、ここの川と国道交わる角の内側のところが私の家です、ここかな、ここかな、（爆笑）

図６

川の上流一キロ弱の所がそこそこ有名な玉造温泉。私の実家から湖までもすぐです。

近くの丘の上にある親父の墓の辺りから、こんなに見えます。（図８）私の家のある湯町地区、宍道湖と向こうの山が見えます。湖の向こうにはこんな山がありますから、私は川や、湖、山、自然が大好きです。私は子供の頃こんな所で魚とりばっかりやっていました。

宍道湖の湖岸にはこの写真のような所もいっぱいあって、綺麗ですし、子供にとっても最高です。（図９）今にも転びそうな松の木があったりして、非常に良い所で、魚がいっぱいおります。こんな所で過ごしてきましたので、私は

図７　国土交通省 国土画像情報（カラー空中写真）昭和51年度

図９

図８

魚を見つけたり、魚を捕らえたりするのが非常にうまく、そういうテクニックと云うか腕が非常に長けておりまして、勘も鋭かったわけです。これが研究をやる上に大いに役立っているのかもしれません。

この頃、蜆（しじみ）が非常に有名になりまして、私は余り感心いたしませんが、こんな格好でとっております。（図10）鋤簾（じょれん）と云うのでとっています。これは松江から撮った写真ですが、向こうに霞んでいるのが玉湯の湯町地区、手前が蜆とりの舟です。

これは家のすぐ横の土手の桜です。（図11）春になるとこんなに綺麗ですから、ぜひ春になったら玉造温泉に来られたら良いですよ、天気の良い日に。天気の悪い時には行かないように、天気が悪いと印象悪いですので。（笑い）（表紙カバー、カラー写真参照）

これは私が生まれて少し経った頃の写真でありまして、この後ろに立っているのは私ではありませんで親父、秀男です。（図12）この前に立っているのが私でして、手に卵を持っています。

図10

図11

図12

その頃から何か手で持っているのが好きだったようでございます。（爆笑）こっちの手にも何か持っていますね。下の布が少し汚れているのは、持っていた卵を落として割ったからのようでして、その後もう一つ卵をもらって持っていたようです。

こう云う背景ですから、自然に接するのが大好きですし、なんでも必死にやらないといけないと云うのが体に染付いているかも知れません。

五年くらい前にですね、家の中からこんなものが出てきました。（図13）

図13

これは猪（いのしし）会と云う私の親父たちが友人たちとやっていた会の記録帳です。この猪会とは何かと云うと、私たちの村の玉湯小学校の同級生のうち同じ湯町と云う地域の人たちの会で、三十歳前後になった昭和十年に集まって、会を結成したもののようです。これからみんな頑張りましょうと云っているわけです。

昭和十年は猪年ですから、猪会。それで、猪突猛進で頑張ろう、と云うことで、猪会かなと思っていました。猪突猛進で頑張りましょうと云うことですね。

ここに書いてありますね、〝会員はもって優良なる大日本帝国臣民として、・・・・・・、猪突猛進を期す〟。（図14）えらい元気の良いことを書いていますが、こんな様な気持ちの人が集まっているわけです。これが小学校の

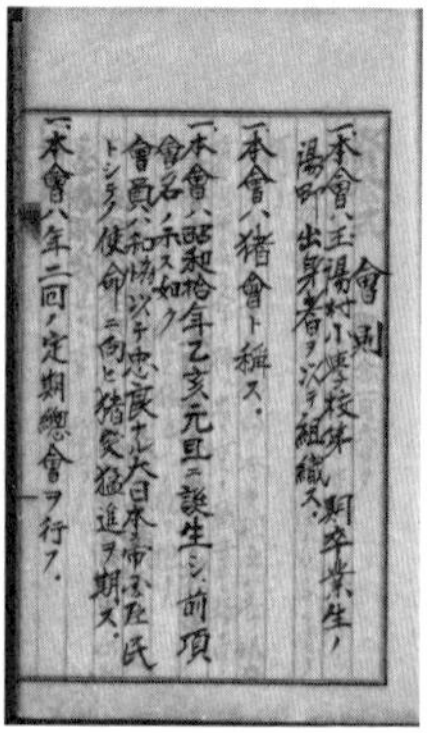
會則
一、本會ハ玉湯村小學校卒業生ノ湯町出身者ヲ以テ組織ス。
一、本會ハ猪會ト稱ス。
一、本會ハ昭和拾年乙亥元旦ニ誕生シ、前項會名ノ示ス如ク會員ハ和協シテ忠良ナル大日本帝國臣民トシテノ使命ニ向ヒ猪突猛進ヲ期ス。
一、本會ハ年二回ノ定期總會ヲ行フ。

図14(a)

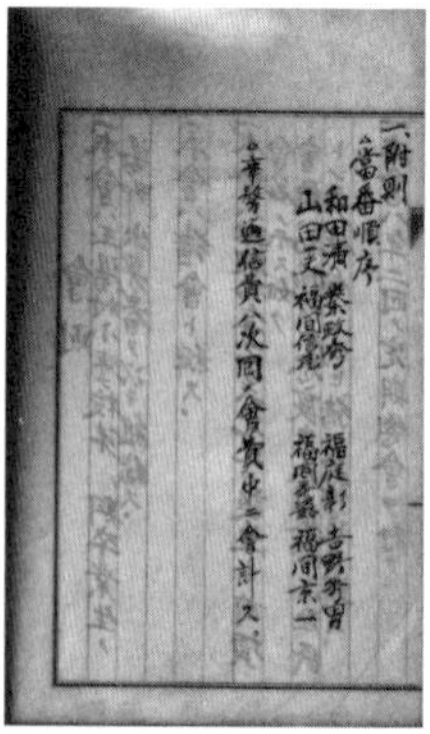
図14(b)

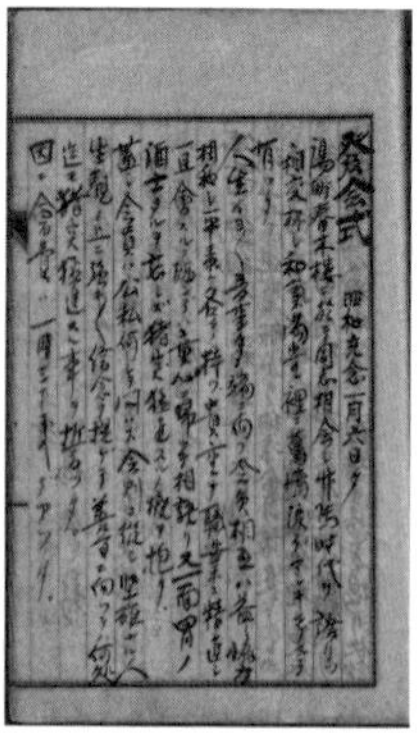
図14(c)

図15

同級生であります。小学校の湯町地区の生徒はたったこれだけですが、皆んながそう思っている。それに皆、字が綺麗ですね。うちの親父さんこれです、吉野秀男。

　ここに何か書いてあります。

〃人生いよいよ多事多端にして、・・・・・・・・・・・・・・・・・童心に返って、いのしし、胃の志士、〃胃袋にお酒をおさめると云うことが掛けてあったんですね。（笑い）

　こう云う気持ちで必死にやりましょうということです。小学校出ただけの人が、皆、こんな文章書いて、そんな考え方になる、そんな時代ですから、今の小学校教育とだいぶ違いまして、相当我々が何かしないといけないと云う気心が育っていたんですね。我々にはないですが、こう云う人達の私達は子供と云うことになりますから、こう云う時代の影響を知らぬ間に受けていると云う面があって、必死に働いていているんじゃないかと思います。

　これ私ですが、今より可愛いですね。（図15）（爆笑）

　これ、小学校入学の時の写真で、皆まちまちの服を着ています。（図16）多分、家にある一番上等な服を着てきたと思います。この右端の先生は隣の組の担任の石田早苗先生で、司洋子の従姉妹だと

図16

聞いていました。左端の先生が遠藤澄枝先生，結婚されて小汀先生となられましたが，私の担任でとても良い先生でした。わずか半年くらいしか習いませんでしたが，懐かしい先生で，不思議なことに数年前にあることで連絡が取れました。

私の家は湯町と云う所にあって，玉湯村湯町と云う地名です。一〇〇年くらい前に玉造と湯町が一緒になって玉湯村となったんですが，村の中に町があったんですね。江戸時代は湯町村の中に湯町と云う町があって，わけが分からんですな。（爆笑）

小泉八雲，ラフカディオハーンと云う人が，ここを訪れましてね，奥さんのセツさんと一緒に。それでどっかに何か書いているんですね。〃湯町で玉を作って，玉造でお湯が涌いている，これは一体どう云うことだ〃，と小泉八雲が云っていた，と云う記録が残っているんですね。（笑い）

私の村の中に玉造温泉がありますから，私の小学校の時代にも有名人がいっぱい来ましたが，いくつかは憶えています。

若槻礼次郎は来たと云うより，私の村に非常に縁が深いです。この人は総理大臣として，大正天皇の大葬の礼をやっています。ですから，私の子供時代に来たわけではないですが，この人はうちの小学校の分校，大谷分校の先生をしていたんですね。何歳で先生やっていたかと云うと，十五歳であります。

十五歳で人に教えるくらい，昔の人は良く頑張ったと云うことですね。

天皇陛下も来られて，提灯行列があったようです。

湯川秀樹さんが小学校の三年生くらいの頃来られましたね。旅館に泊まられると，旅館の大将が，〃子供のため何か話してやってください〃と云われたようで，小学校に来られて講演をされたんですね。こんな所に立ってボソボソと云われるんですね。（爆笑）中間子論の話をされたのですが，そんなもの分かるわけがありません。（爆笑）

顔だけ見てたんですね。それで後から〃将来，僕らもあんなになりたいな〃て云って，絵を書いてたんです。私，こんな絵を描いてたんですね，似顔絵。（図17）湯川さんこう見えていたんですね。（爆笑）中間子論は分からんけど顔だ

け覚えていましたね。(爆笑)

私もこうなりたいなと思っていましたら、なったのはこのあたりだけ、頭のところだけですね。(爆笑)

これが丁度その頃の私ですが、やっぱり可愛いですね。(図18)(笑い)

図17

図18

これが高等学校に入った頃ですが、ここに今来てくれています田中一男君、梶谷洋司君等がいます。(図19)梶谷君と云うのは通信系の方の中にはご存知の方があると思いますが、東京工大でグラフ理論、や回路理論やったりして結構頑張っていた男です。いろいろいますが皆仲良しです。ここに浅野遼二君がいますが、彼は阪大の文学部の教授やっていました。要するに高校時代を初め、時代時代の友達が非常に重要であると云うことで、同じようなものですが、これも高等学校の時です。(図20)学園祭でこんな大きなものを作って上に乗っていますが、これ

図19

が先生で、私はここにいます。阪大の通信に来た田中君もいます。これは志賀潔君と云いまして、阪大医学部に来たんですが、自称、本物の志賀潔であります。赤痢菌の志賀潔は養子に行って志賀潔だから本物は自分だ、と云っていましたね。現在、熊本大学医学部の教授です。

この横の方で見え隠れしているのは飛田真澄君と云って、後で阪大の経理部長で文部省から来ましたが、私より先に偉くなったんですね。(笑い) 他にいっぱいいますね。ここに目立ちませんが、この端の方で小さくなっているのが大久保君と云って、多の友人が殆ど定年退職した中、彼はまだ日産の副社長でゴーンさんの隣にいます。

要するに今のは何んだったかと云うと、これなんですね。(図21) これ馬ですが、なぜ馬かと云うと、先生、松本良三先生と云うんですが、先生のあだ名が馬だったんですね。学園祭でこんな大きなもの作ったんですね、私はよう作りません。誰がリーダーでこんなもの作ったのか覚えていませんので、一度聞いてみたいと思っています。こんなにたくさん人間が乗ってもびくともしません、丈夫です。

これ、その時の仲間の一部で騎馬戦かなんかやったんですね。(図22) これ梶谷君、飛田君、これは松江高専の副校長やっていた渡部紘一君、これは志賀潔君、これは私、これは京大出てど

図20

図21

つかの銀行へ行った金津政次郎君、これは角田洋司君と云って同志社大学でバスケットやって、その後実業団で活躍してオリンピック候補になったと云うことでした。

図22

　これは大学一、二年の頃、この高等学校の同窓会をやった時の写真で、田中君、これが弁護士をやっている新谷勇人君、阪大歯学部の教授やっている和田健君、その他たくさんいますがみんな仲良しです。（図23）後から、これらの皆さんに随分お世話になったんですね。ですから、若い時の友人は非常に有難いですから、学生さんたち、おられたら是非友達を大事にされたら良いと思います。

図23

　これは浅野君の定年の時に一緒に食事をした時の写真ですが、歯学部の和田健君、押田良樹君もいます。（図24）この千里の近くの者が集まったんですが、さっきも云いましたように浅野君は阪大文学部哲学科の教授でした。和田君

図24

図25

図26

は歯学部顎口腔機能治療学の教授、押田君は大和銀行のなんとか部長していましたが、いろいろお世話になりました。お金を借りたわけではありませんが、(笑い)もう一人、この日は来ていませんでしたが、理学部生物科学に山本泰望君がいますが、皆、高校の同期です。

これは皆さんご存知の〝少年老い易く学なり難し〟と云う中国の朱熹の言葉ですね。(図25)これ私の教授室に掛かっている掛け軸です。中国に行った時、確か武漢で買ってきたものです。

これなんで出したか云うとですね、要するに何が云いたかったかと云うと、さっきの高校時代と同じ人がここに写ってるわけですが、若々しかった人が皆こうなっていると云うことです。〝学なり難かった〟かどうか知りませんが。(笑い)若い人、〝少年老い易く〟ですから、今を大事にしっかり頑張って欲しいと云うことです。

実は、これは数年前の研究室のメンバーの写真ですが、この中に写っている人、この外人さんはフランケービッチ(Frankevich)さんと云って、ロシアでかってレーニン賞をもらったこともある非常に有名な物理学の教授です。(図26)この方が数日前から私の所に来まして、一ヶ月くらい滞在する予定です。ところが、昨日、タクシーを降りた所で転んだらしくて、夜中の十一時ごろ家に帰りますと、家内が云うんですね。〝さっき電話があってFrankevichさんが転んで、顎の骨が折れてそれが外耳を突き破って出血があり、阪大の救急救命センターに運ばれたらしい〟と云う

図27

んですね。びっくりしましたね。これは大変だと云うことで、すぐに先程の和田君に〝顎の骨が折れたらしい、よろしく頼む〟と電話しました。今日、早速、動いてくれたんですね。

更に、今朝、レーザー研の西原功修教授に電話して、そこにロシアの学者さんが一人いるのを知っていましたので、〝そのロシアの方に、Frankevichさんの奥さんと少し話しをしてやってくれるようにお願いしてくれませんかね〟、と頼んだんですね。奥さん英語と日本語が余りできませんので、誰かがロシア語で状況を説明しないと困るからなんです。どうして良いのか分かりませんので。

ところが、その人を通じて、やはりロシアから医学部に来られている女性の研究者かお医者さんがおられることがわかり、この人にお願いして、奥さんにロシア語でお医者さんの話などを伝えてもらいました。これは大いに助かり、非常に役立ちまして、奥さんも落ち着かれ、人の繋がりと云うのが極めて重要であると云うことをあらためて痛感しました。

私の部屋には、従って、〝少年老い易く学成り難し・・・・・・〟、と云う、例の中国で買ってきた掛け軸が掛けてありますが、私からよりもお客さんからよく見えるようになっています。（笑い）

ついでに部屋を見せますと、私の友人、同級生ですが、阪神電鉄で重役をやっている長井仁郎君と云うのがいまして、彼が送ってきてくれた本物の阪神タイガースの旗です。（図27）実際に甲子園で振られていたものですが、なぜ送ってきたかの理由はいろいろありますが、横にある虎の絵が関係あります。これはまたの機会に説明いたします。

こっちのほうはこれもお客さんから見えるようになっていますが（図28）、つもり間違い、それに、〝A clean desk is a sign of sick mind〟（机を綺麗にしてい

るのは病気の始まりです)、と云うものです。(爆笑)

語弊がありますが、私の部屋は無茶苦茶であります。これが何であるかと云うと、ある時、フランス人、確か、Kajarさんと云う人じゃなかったかと思いますが、来られました時、〃私の部屋は汚いでしょう、恥ずかしいです〃、と云いますと、〃これはよく仕事している証拠です、国へ帰ったらいいものをプレゼントします〃と云って送ってくれたものです。気に入って貼っているんですが、送ってきたのをよく見ますと、ここ、下の方に、コピーライト、著作権はアメリカにあるようですね。(爆笑)

まあ、それ以来、ずっとここに貼っています。

世の中汚い人が結構いっぱいいいましてね。先日来お世話になっていてこれからもお世話になる、さっきお話した佐々木正さんと云う方、この方はシャープの副社長、顧問をやられて、その他たくさんの会社の社長、会長をやられていまして、産業界でも極めて重要な立場の実力のあるかたですが、この方が私にいろんな話をして下さったんですね。

「吉野先生、ノーベル賞を二つ貰ったバーディン(Bardeen)さんの机は凄いですよ。彼とは昔からの親友でよく行ったんですが、まん丸な大きな机だけど、そこに山のように書類が積み上げてありますよ。それで、いろんなことを尋ねると、机の周りをぐるぐる回りながら、〃あっ、ここにあった〃と云って、その山の中から書類を引っ張り出すんですよ」

と云われましたね。

図28(a)

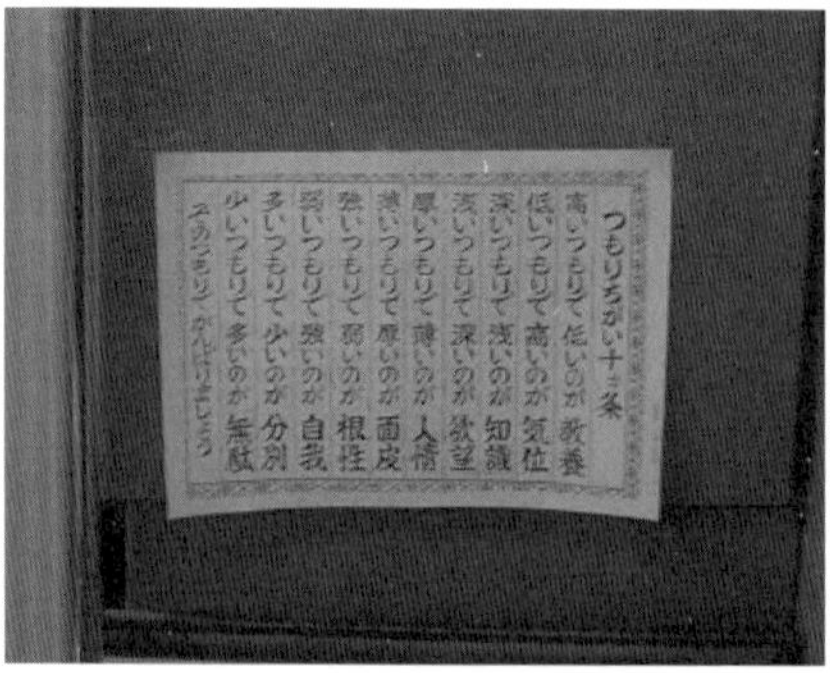

図28(b)

それから、今日ここにおられますが、われわれが非常にお世話になっています、同窓会でもお世話になっています安井晴子さんと云う方がおられるんですが、その方も私に慰めもあってでしょうが云われました。

「熊谷先生、総長された熊谷信昭先生のお父さん、熊谷三郎先生、吉野先生も習われましたでしょう、あの熊谷先生の机もやっぱりこんなだったですよ。そのかわり、これが欲しいと云うと、下の方からスッと出されましたよ」

私も習った大先生です。スッと出されるのはゆっくり出すとひっくり返るからでしょう、よくわかります。（爆笑）

これ、一番下は私が走っている新幹線から撮った雪をいただいた富士山の写真です。自慢のものです。富士川の鉄橋の所で使い捨てカメラのシャッターを押しました。

次に、これが、〝つもり違い〟。これ非常にいいもので、お客さん来られてメモとって帰られます。何でこれがここにあるかと云いますと、私の娘が某電気会社に勤めていて、名前は云えませんが、その某電気会社で貰って帰ってきたものなんです。それを私が貰って貼ってるんですが、某電気会社と云うのは松下でして、（笑い）、結果的には非常に良いことが書いてあって皆さん感心されますね。原作者は誰でしょうか。

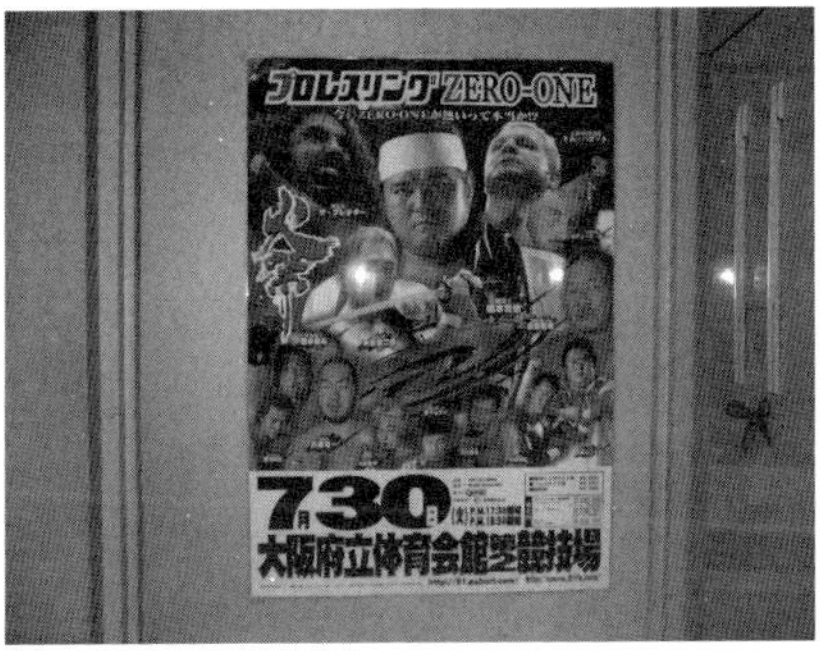

図29

次にこれですが、ドアの所にこれが貼ってあります。（図29）実は阪急淡路駅の近くに〝味安〟と云う焼肉屋さんがあって非常に美味しいんですが、学校に外人さんやお客さんが来られると食事に連れて行くんですね。美味しいし、そこに高山さんと云う方がおられて明るくて楽しい方なので皆さんとても喜ばれるんですね、小生もありがたいわけです。そこの息子さん、領二君と云うんですが、プロレスラーになりましてですね、この人ですが、プロレスラーとしてデビューする時にポスターをくれましたので、大事に貼っているわけです。すぐそこの淡路で美味しいですからまたどうぞ。（笑い）

大学に入る時、私こんな顔していました。(図30）田舎を出る時、親父に、〝食べ物の競争だけはするな、後は何をやっても良いけど〟って云われました。変ですね。相変わらずよく食べていますが。(笑い)

親父と私はよく似た顔しています。

図30

図31

これ親父が出張に来たとき大学の教養部の前で撮った写真です。(図31）田中一男君にとって貰ったのでしょうか。

これも昔の写真ですが、これもよく似てますね。(図32）こんな顔からあんな顔になったわけです。(笑い)

これ私の孫です。娘が結婚しましたから能澤と云う名前ですが、何となく私に似ていると云う人もいます。(図33)

図32

図33

次のこれもそうですが、そっくりであります。(図34）(爆笑)

図34

要するに人間は変わらないと云うことです。人間は時代とともに大きく変わっているように思われますが本当は変化していないんですね。

図36

図35

これもそっくりですね。(図35）これは実は私の祖父であります。明治の初めの頃の生まれですから、日清戦争か日露戦争頃のものだと思いますが、やはりよく似ています。ある人がこれを見たとき、〝この人のほうがずっと現代風の顔してるんじゃない〟(爆笑）と云ってましが、要は変わっていない、人間の本質は全く変わっていないと云うことです。

これは大学に入る時の写真で、ここにいる柳田祥三君もどっかにいる筈です。(図36）この仲間も非常に有り難いです。一年の時にはいろんな分野の人が同じクラスでした。名前順だったんです、工学部全部の学科で。基礎工学部の機械工学科の第一期の学生もいました。その後、これが非常に有り難かったです。柳田とか、吉田とか、吉野など殆どがヤ行で始まる名前の人だったので、ヤーさんの組と云っていましたが、ラ行やワ行の人もいました。

この写真を見せますと、〝なんでここに白抜きがたくさんあるの〟、と問われます。それで答えるんです。この左端の丸の中の男は山田勝君と云って僕の仲良しですが、彼一人遅刻したんで、写真屋へ行って写真を撮ったらしいんです。その時に〝後、何人おられますか〟と尋ねられ、〝後四人いる〟と云ったらしいんです。それで四つの白丸があるんです。(爆笑)

これは大学四年の時、見学に行った時の写真です。(図37）日本原子力研究所に行った時の写真で、私、原子力もやりたかったんで、興味深かったんです。電気工学科四年の時の友人が何人も写っていますが、その時、鞄持っていますね、私一人。今でも、私、毎日大きな鞄持っていますが、この時から鞄持つのが好きだったんですね。
（爆笑）

これが航空写真です、当時の。（図38）この頃、国土地理院の出している航空写真がインターネットで見られますので、それですが、当時の大阪大学工学部の様子です。阪大工学部は大阪市内都島区の東野田にあったんです。こんな感じで町のど真ん中にありましたね。この辺りです。

これは工学部の当時の写真です。（図39、図40）この後移転して吹田キャンパスに移ります。同時に私は大学院を出て助手になりました。

ここら当たりで見てもらっています写真は阪大を紹介する大阪大学の出版物から使わせてもらっています。

図37

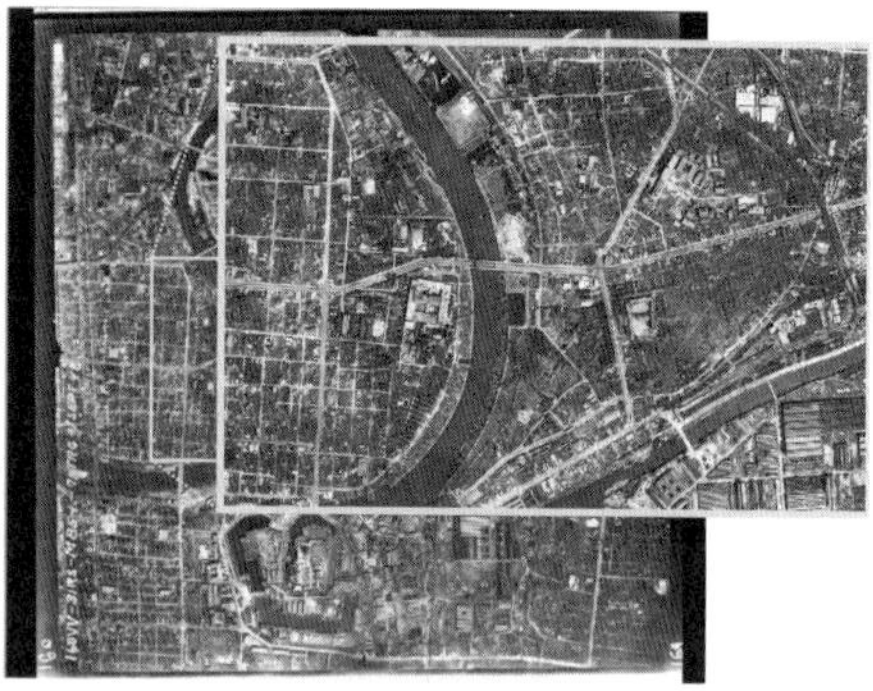
図38　国土交通省 国土画像情報（カラー空中写真）

図40

図39

図41

図42

これはその頃玄関で写した写真です。(図41) 私たちの習った電気系の先生がたくさん写っておられます、小さくてよく見えませんが。

また、次の写真は電気工学科の先生方ですが、私の上の先生、犬石嘉雄先生、それから川辺和夫先生、犬石先生と張り合っておられるような感じがしていた山中千代衛先生、(笑い)、藤井克彦先生を始めいろいろおられます。(図42) この隅のほうで一人だけ笑っているのが私です。

これは犬石先生の定年か還暦の、恐らく還暦のお祝いの時の写真です。(図43) 少しピンボケですが、ここにいるのが私です。最近、JST(科学技術振興機構)の支援を受けてプレベンチヤーと云うのを一寸やっておりまして、いろんなことで所長の森内孝彦さんに随分お世話になっていますが、石川さん、新宮さんにも、特に、森内さんは大学院で同期修了ですので、この中に入っておられると思いますが、探しても見つからなかったんですね、ピンボケの写真ですから。

これは私が外国へ行っていた時の写真で、私、髭を伸ばしていました。(図44) 一九七四年、一九七五年にわたって、ドイツのベルリンにいましたが、当時はベルリンは東西に分断されていて、私はもちろん西ベルリンでしたが、時々東ベルリンにも入りました。この写真には 東ドイツの兵隊さんも写っていいます。

これは西ベルリンの町の中ですが、こんな髭であります。(図45) 抱いているのはうちの当時三歳の娘です。次は研

図43(a)

図43(b)

図43(c)

究所でのスナップです。(図46) 何かパーティがあってビールを飲んでいます。髭を伸ばすと人間がらりと変わります。気の小さな方は是非髭を伸ばしたらいいと思います。非常に気が強くなります。(笑い)

あんまりこんなアホな話をしていると全部時間がなくなって終わりになりますので、一寸、私の関係しますことをお話したいと思います。

図44

図45

図46

一・三　研究の一部の紹介
―有機エレクトロニクスとフォトニック結晶―

私が大学へ入ったのは一九六〇年であります。一九六〇年より前はエレクトロニクスは真空管の時代だったんです。真空管とはどう云うものだったかと云うと、いろんなものがあります。（図47）このタバコの大きさと比べたら分かりますが、小さなものからでっかいものまであります。

従って、ラジオも、これは真空管が五本くらい入ったラジオですが、一升瓶よりも大きいくらいです。（図48）これは島根と云う飲み屋さんで写真を取らせてもらったものです、その店はもうありませんけど。こんな顔くらいの大きさの真空管もあります。（図49）（笑）

図47

図48

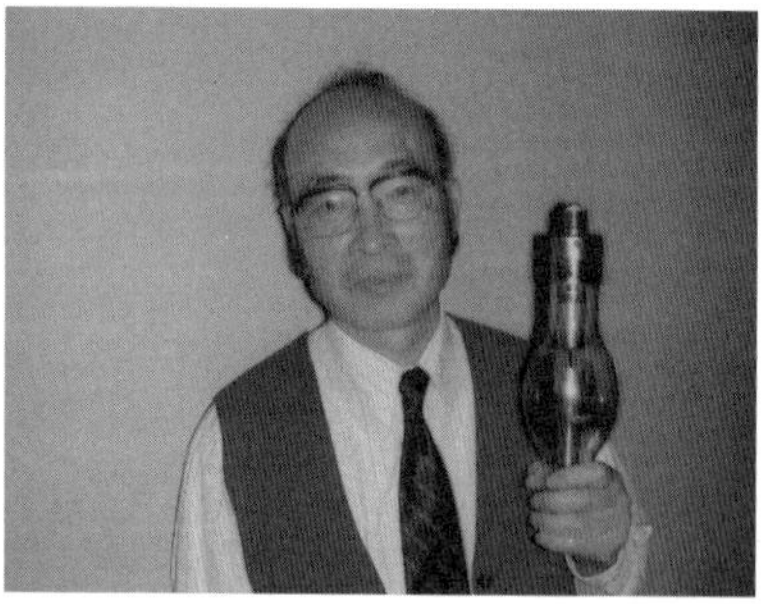

図49

それが一九五〇年前後にトランジスタとレーザーが発明されて、日本でも一九六〇年代途中からトランジスタ、IC、LSIなどの集積回路の研究がどんどん活発になったんですね。このへん、

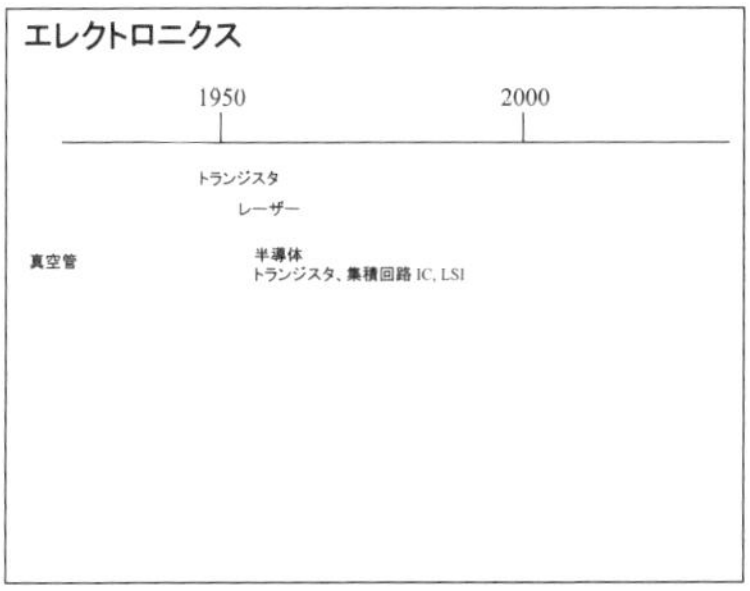

図50

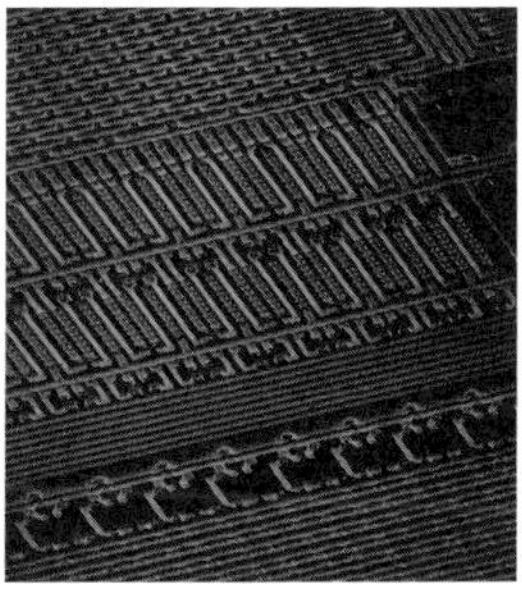

図51

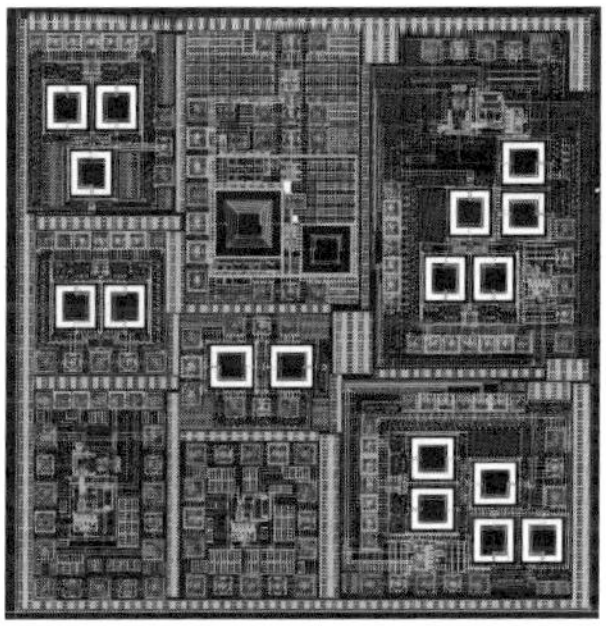

図52

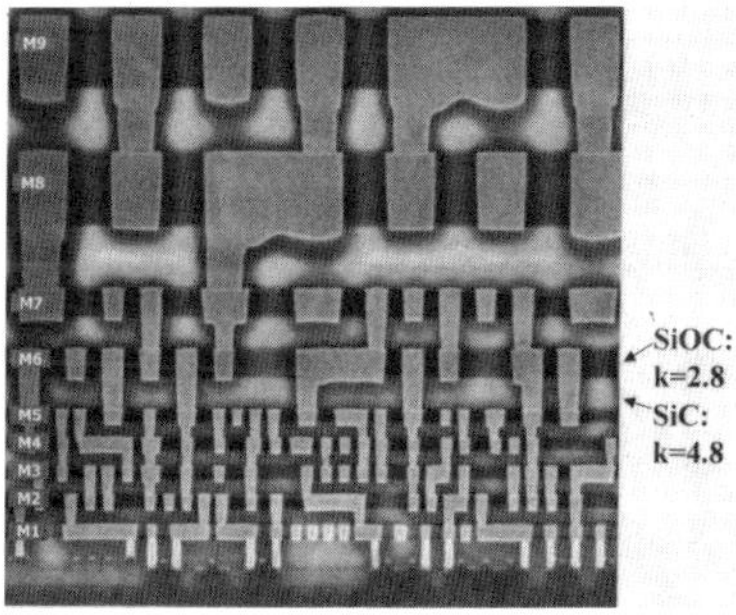

図53

一九六〇年代後半から一九七〇年代頃からは実用的にも真空管はドンドン減って無機の半導体デバイスの利用が大幅に進展しました。(図50)

最初の頃のＩＣやＬＳＩなどを電子顕微鏡で見るとこんなものです。(図51) それが最近のものはこんなになっています。(図52) これは電子の谷口研二先生に貰った写真ですが、非常に性能の高いものです。次も別の多層配線素子の写真ですが、電子顕微鏡で拡大して見ると凄い構造であることが分ります。(図53)

それぞれのところも非常に精密に加工しています。要するに昔はラジオの中には真空管が三、四個入っていましたが、現在では真空管に代わって極めて小さな固体半導体の素子が、使われています。真空管に当たるようなもの、素子が、一センチ四角くらいの半導体の中に一〇〇〇万個以上も入っていると思ったらいいです。だから電子デバイスは極めて小型になって性能も格段に高くなって信じられないような働きをしているわけです。

ところが、これを作るのに、シリコンなどの半導体を非常に細かく細かく切り刻んで作らないといけなく、加工の限界に来ているのが現状です。一寸のゴミが付いても素子そのものがゴミより小さいくらいですから、デバイスがだめになるので、もの凄く綺麗な所で作らないとできない。それには金もかかってしようがなく、本当は途方もなく高価なものになってしまいます。ところが、実際には競争のため値段が上げられず、大変です。

そう云った時にですね、有機分子、有機系の材料が着目されだしました。勿論、シリコンなどの無機半導体が必要で主流であることには変わりはありませんが、こんな有機分子なども重要になってきた。こんなことに、私はこの頃、一九七〇頃からずっと絡んでいたわけです。(図54)

有機分子、その分子いくつかからなる分子の集団を利用する素子、デバイス、それがさらに生物につながっていくと考えられるわけです。

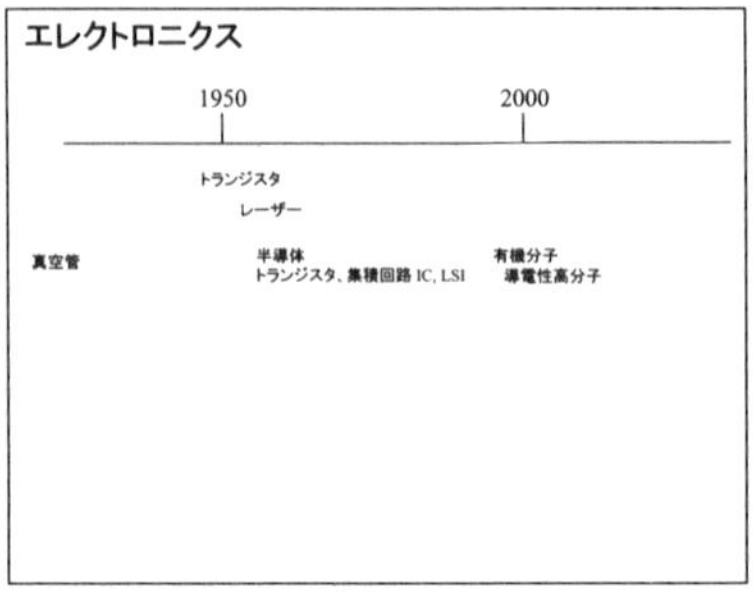

図54

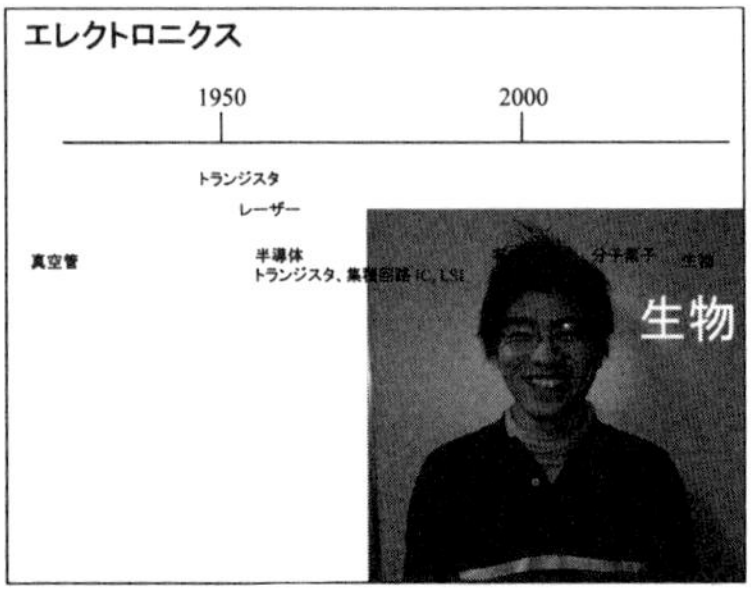

図55

生物は決してシリコンが主体でない。シリコンは石の材料です。すなわち、生物には石の主成分であるシリコンなどの無機物質は余り入っていない。ところが、石のシリコンが入っていないのに高性能であり、神秘的なくらいであります。

これが私の今日の講義の準備を少し手伝ってくれた、これらの資料を作るのを世話してくれた尾崎良太郎君という学生で、非常に良い素質ですが、これ生物です。(図55)(爆笑)彼の頭の中にはシリコンは入っていません。シリコンが入っていたら石頭ですが、(爆笑)C, H, Nが主成分であります。

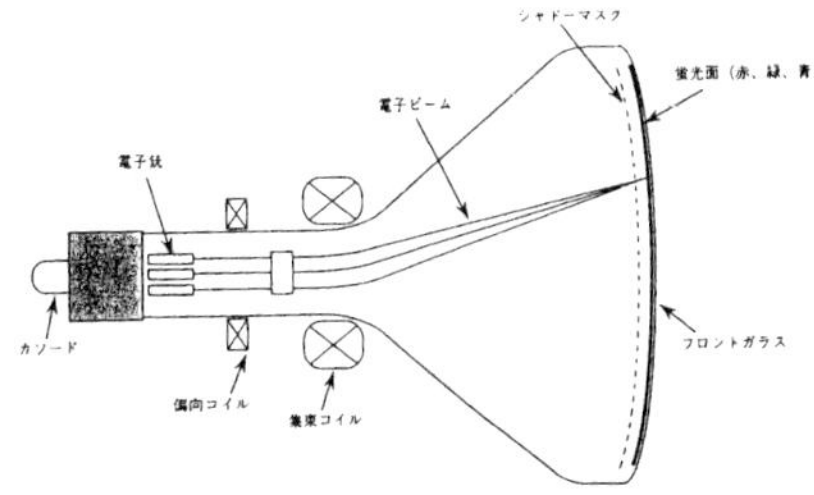

図56

それで柔軟であります。

一方でオプトエレクトロニクスと関係するブラウン管、ついこの間までテレビの主役だったブラウン管、これはどんなものかと云うと、この図に示すようなものです。(図56)

だから、テレビは奥行きが深かったし、重かった。なぜかと云うと、ブラウン管は真空管の巨大なもののようですのでガラスの容器が重いからなんです。こう云う大きなガラスの容器を真空に引きます。空気を全部ポンプで抜きます。するとガラスの表面にかかる大気圧はすごく大きな力となります。従って、ガラスの強度を持たせるためにガラスはかなり厚くしてあり、それで重いわけです。

ここ、ブラウン管の端っこの所から、電子銃と云いますが、金属を少し熱して電子を飛び出させます。この電子を電圧をかけて加速し高いスピードで打ち出します。ですから電子銃と云っているんですが、この打ち出した電子をガラスの内面に塗ってある蛍光物質に当てます。その時、磁石をかけてその電子の飛ぶ方向を変えて、ずっと方向を左右に振りながら上から下に下げていきます。これを掃引と云うのですが、電子が当たった点で蛍光物質が光るようになっています。速いスピードの電子がこの蛍光物質にぶつかるとそこから光が出るわけです。掃引によって光る点が次々と移っていきます。それで絵や、像として光ます。我々はそれを見ているわけです。

赤と緑と青の電子銃の三つがあってそれがガラスの内面の蛍光物質に当たるわけです。(図57)別に赤い電子、緑の電子、青い電子が出るわけでなく、それぞれの電子が当たった先が赤、緑、青に光るわけです。

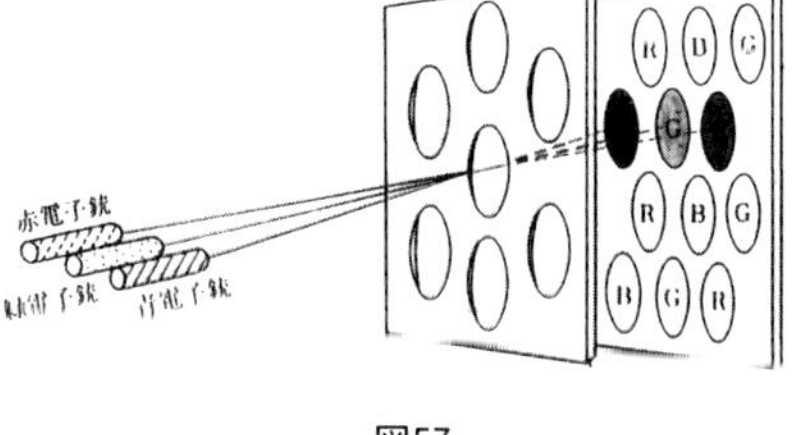

図57

赤と緑と青とを組み合わせるとどんな色でも再現できますから、カラーテレビになるわけです。それでこれを掃引して像を描いてテレビが映るわけです。よくRGBと云いますがこれは赤、RedのRと、緑、GreenのG、青、BlueのBをまとめたものです。

従って皆さんが、ブラウン管テレビの画面を近づいて間近によくみると、赤、緑、青の点がポツポツポツとある事が分かると思います。これがブラウン管テレビの原理です。一九六〇年代くらいまではディスプレイはこのブラウンしか考えられなかったわけです。だから非常に奥行きが深いですし、ガラスの容器で肉厚ですから凄く重いわけです。それで半導体の研究が盛んになったとき、この半導体を使った発光ダイオード（ＬＥＤ）とか電界発光素子、エレクトロルミネッセンス（ＥＬ）を使って、軽くて平べったい壁掛けテレビを作ると云う話しになったわけです。一九六〇年代から一九七〇年代にかけても結構研究されました。

ＥＬと云うのは、半導体に電圧をかけますと、二〇〇ボルトとか三〇〇ボルトの電圧ですが、そうするとこの材料が光る。固体の中で電子などが電圧で加速されて、それが内部で衝突して、高いエネルギーの状態にします。それを励起と云うんですが、それによってできた励起状態から元に戻る時にエネルギーを光として放出して、光るわけです。

一方、ダイオードと云うのは半導体に少し混ぜものをしたものを二種類、p型、n型と云いますが、これを重ね合わせたような構造に接合したものですが、これに数ボルトの電圧をかけると光る、これが発光ダイオードです。まず、赤色の発光ダイオードが早くに開発されて、やがて、黄、緑のダイオードができ、これがずっと進歩して、最近になってやっと青色発光ダイオードが開発されて大変な話題になっているわけです。このような半導体を使った発光素子の研究は一九七〇年代の研究の延長上にあるわけです。

すなわち、一九六〇年代後半から一九七〇年代の当時このような研究が一旦活発になったんですね。私が学生時代、隣に座っていた先輩もやっていました。話しとしては〝ブラウン管のような大きなものじゃなくて、薄い壁掛けテレビが出来るよ〟と云うことだったですけれど、なかなか進展しなかったわけです。

そんな状況の中、一九七〇年代に入って本格的に液晶が登場します。（図58）液晶を使ったディスプレイはブラウン管と全く違う原理で動いています。そこでまず、光とかディスプレイの基本的なことを説明しておきます。

物質の色と云うのは光の吸収、反射、散乱、干渉、回折、自分自身が光る発光、その他いろんなもので決まります。だからディスプレイはいろんな原理、方法で実現できます。液晶と云うのはこの中のどれかを使っています。

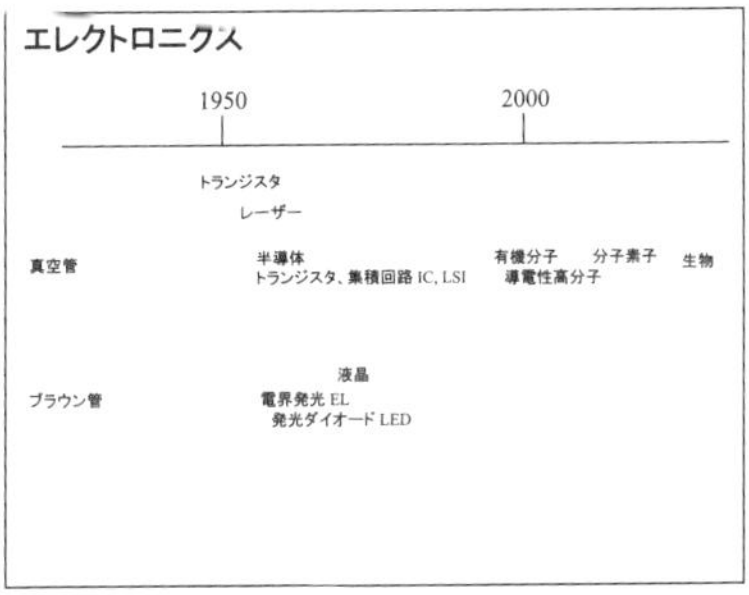

図58

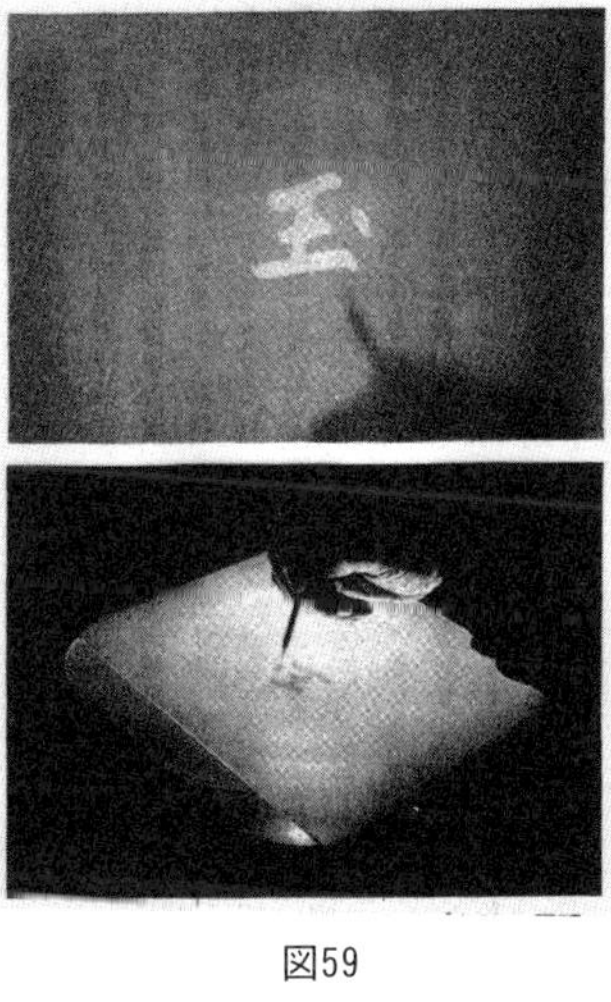

図59

これは私の田舎、玉造温泉で十年か二十年前講演する時に使ったものです。（図59）こう云うOHP装置は下から光が出て、これが字や絵の描かれたOHP用紙を通って、上の反射板で光が反射してスクリーンに映りますが。このOHP装置の台の上にスリガラスを置きますと、すりガラスで光が散乱してしまいますから、スクリーンまで光が届かずスクリーンは真っ黒です。ところが、スリガラスの上を水で濡らしますと（図59下）、濡らした所だけは光が散乱しませんから透けてスクリーンに光が届き明るいです。（図59上）

これが一番簡単なディスプレイの原理です。これを三十年以上も前から、〝こんなスリガラスみたいな物を用いた簡単な方法でディスプレイが出来る〟とドサ周りであちこちでしゃべってましたが、なかなかそんなものは実際のも

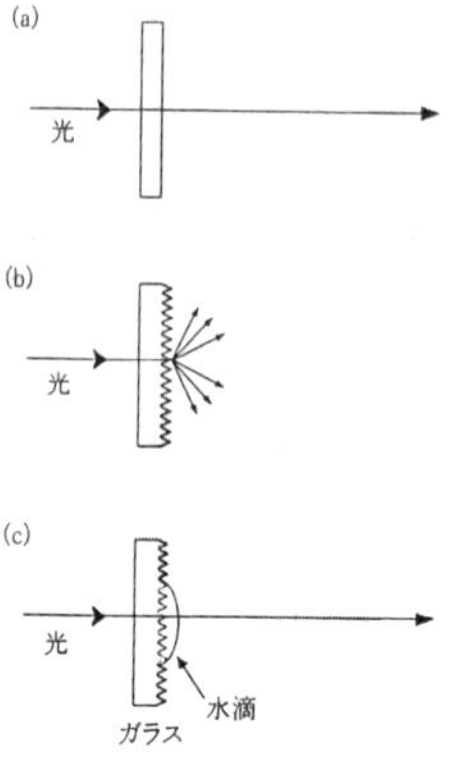

図60

のにはならなかったですね。

　少しこのことを図（図60）を用いて説明します。光はまっすぐに進むんだけど、ガラスの表面が凸凹していたらそこで光を散乱してしまいます。スリガラスはざらざらしていますね。表面が凸凹です。ところが、スリガラスの上を水でぬらしますと、平らになるからまた光はまっすぐに進むようになる。これを利用しています。もう少し詳しく説明すると、物質の中を光が進むとき、真空中より遅くなります。どのくらい遅くなるかを屈折率で示します。屈折率が1.5の物質と云うことは、その中では光の進む速度が真空中の1.5分の1、屈折率が2と云うことは2分の1、すなわち真空中の半分の速度で光が進むと云うことです。空気は屈折率がほぼ1で、ガラスは約1.6です。この屈折率の異なるものの界面が凸凹していると、そこで光が散乱されてしまいます。

　実は、これは一九八〇年一寸の頃にやられたものです。私も一寸関係していますが、これは液晶とプラスチックを組み合わせたものです。（図61）

　これに電圧をかけると透明になります。電圧を切ると不透明、また電圧をかけると透明、これ簡単に出来ますね。

　これはどう云う原理かと云うと、プラスチックスの中に液晶が入れてあって、正しくは液晶が分

図61（a）

図61（b）

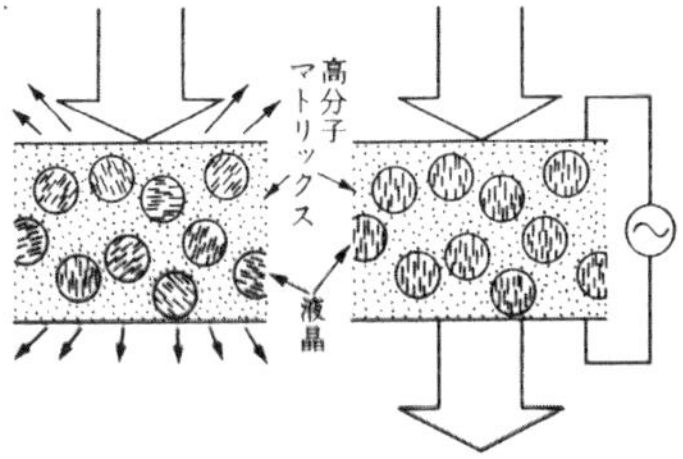

図62

図63(a)

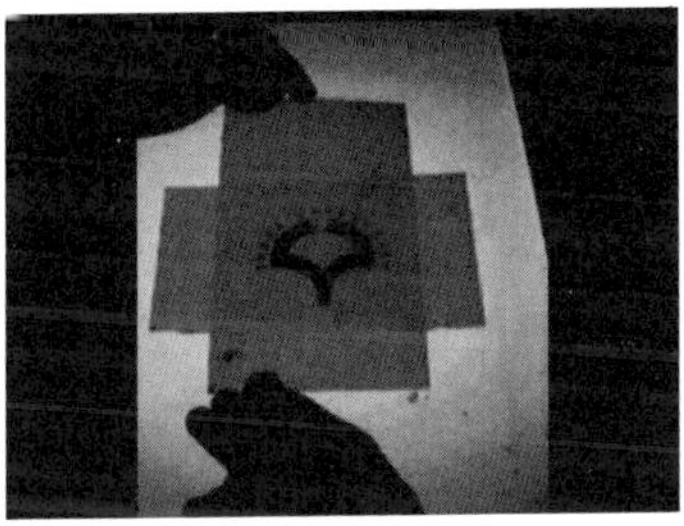

図63(b)

散してあって、電圧をかけると液晶の分子が向きを変えるので屈折率が変化する、と云うことを使ったものです。(図62) 最初、液晶の屈折率とプラスチックスの屈折率が異なっているとその境目で光は散乱します。ところが、電圧をかけて液晶の向きが変わって屈折率が変化しプラスチックスと同じになると、光を散乱しなくなり透明になります。これを利用したものです。さっきのスリガラスと同じ原理を利用したものです。このことから考えても、いろんな原理でディスプレイが出来るんだと云うことが分かります。光に関係する面白いことがいろんなやり方でできると云うことが分ってディスプレイに関して新たな展開が始まったのは、液晶がそのきっかけです。しかも液晶は有機物ですからね。有機物が非常に面白いんじゃないかと云うことのきっかけでもあるんです。

普通用いられている液晶ディスプレイの原理を正確に説明するのは結構時間がかかりますので、ここで要点だけを簡単に説明します。

ここに二枚のプラスチックスの板が重ねてあります。この一方を少し回転させると暗くなります。さらに廻すとまた透明になります。もっと廻すとまた暗くなります。(図63) このプラスチックスの板一枚は偏光子と云って、特別の方向に振動する光だけを通します。このような特別の方向に振動している光を偏光といいますが、このような働きをする偏光子を二枚重ねているわけです。

光とは一体なんだ、と云うことの説明として、光は波の一種であると云う解釈があります。光は進む方向に対

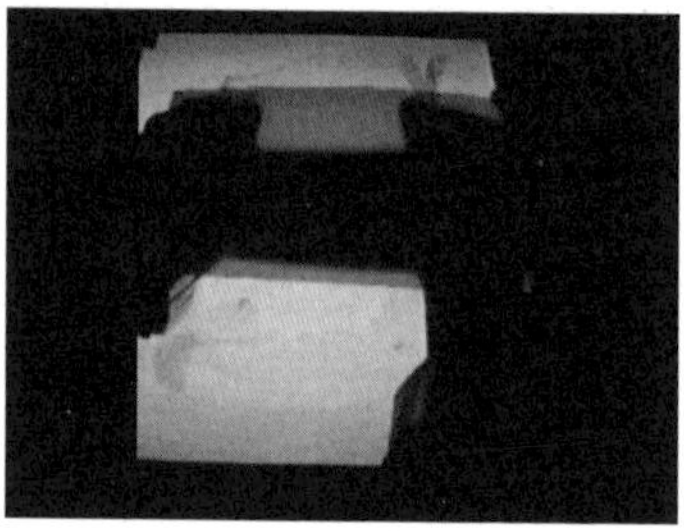

図64(a)

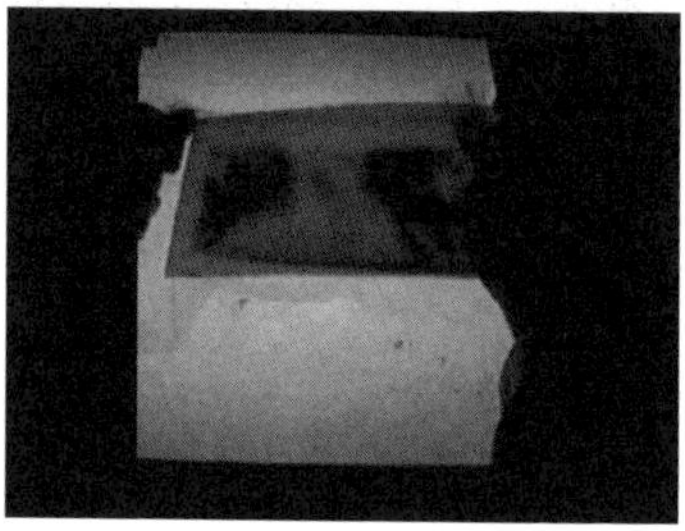

図64(b)

して垂直方向に振動しながら進むと云う考え方です。

光の進む方向に対して垂直と云っても垂直にもいろんな方向がありますから、いろんな方向に振動していまして、特別の方向に振動しているわけではないのですが、この一枚の偏光子を通ると、一方向に振動する偏光となります。二枚目の偏光子が同じ方向に振動する偏光を通すようになっている場合は、光はそのまま通り抜けることになります。ところがこの二枚目の偏光子を90度回して、一枚目の偏光子と垂直な方向に振動する偏光を通すようにしてやると、一枚目の偏光子を通り抜けてきた光はこの二枚目の偏光子を通り抜けられなくなります。ですから二枚の偏光子を重ねて一方を回転させれば光のスイッチをすることが出来ることになります。しかし、実際のディスプレイでこんな機械的に回転させながらやるのは一寸無理ですね。そこで工夫が要ります。

ここで、このような二枚の上下に重ねた偏光子の間にプラスチックスのシートを挟みます。(図64) そうしてもなんちゅうことはないですし、このプラスチックスのシートを廻しても全く変化ありませんね。ところが、プラスチックスを引っ張って引き延ばすと、ほら、だんだん色が付いてきます。不思議ですね。

どう云うことかと云うと、二枚のプラスチックスの板、偏光子は特別の方向に振動する光だけを通すんです。間に挟んだプラスチックスは一様で等方的で一枚の偏光子を通り抜けてきた偏光に何の影響も与えません。さっきのプラスチックスのシートはゴミ袋いわゆるポリ袋だったんですね。ポリエチレンと云うポリマーなのでポリ袋といっているんですね。ところが、引っ張って引き伸ばすとポリ袋のシートに方向性が出てくるためこんなことになるんです。

ポリエチレンの分子がばらばらな方向を向いていたものが、引き伸ばしたために一方向に方向を揃えて並んだため方向性が出てきたのです。すなわち、方向によって性質が変わることになったわけで、これを異方件と云います。異方性のあるプラスチックを偏光が通ると偏光方向が回転することになります。光の振動方向が回転するわけです。

そうするといままで二枚目の偏光子が直角になっていて光が通らなかったとしても、この異方性のプラスチックを通った後は二枚目の偏光子を通り抜けることが出来るようになるわけです。そう云うことを利用して作ったのが液晶ディスプレイです。すなわち、中に挟んだものに異方性を与えたり、等方的にしたりすれば光をスイッチが出来るわけですが、実際のデバイスで引っ張ったりすることは出来ませんので、液晶を使うことになったわけです。

液晶と云うのは液体のような流動性と固体結晶のような異方性を兼ね備えた物質です。それが役に立つんです。今のように、その度に引っ張ったりするんではディスプレイとして使えるわけありませんから、液晶と云うのはもともと異方性を持っていますし、動きますのでそれを利用しようと云うわけです。実際には、電圧をかけることでこの液晶の分子の向きを変えて異方性を制御するわけです。

シャープさんは液晶は必ず凄いことになると確信され、これをとことん突き詰められて世界のトップになられたわけで、大変に良くやられたと思います。今もここに関連されたお一人枡川さんと云う方が来られています。

液晶には分子の並び方で、図(図65)に示しますように、主なものとしてネマチック液晶、スメクチック液晶、コレステリック液晶などの種類がありますが、現在のディスプレイに使われているのはネマチック液晶です。研究としては私はこのスメクチック液晶もやっていました。

液晶と云うのは一寸見たところどんなものかと云いますと、鼻水みたいなものです。白く濁っていて流れることも出来ます。

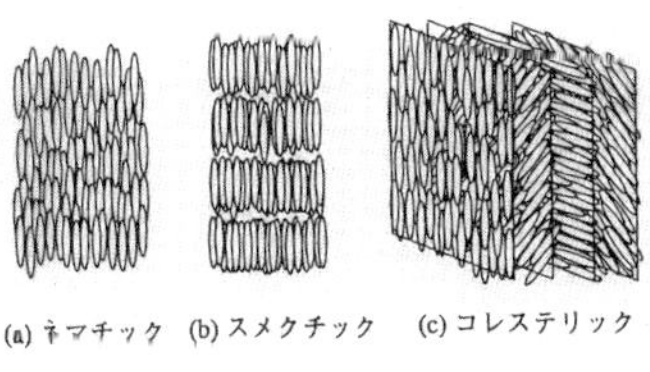

図65

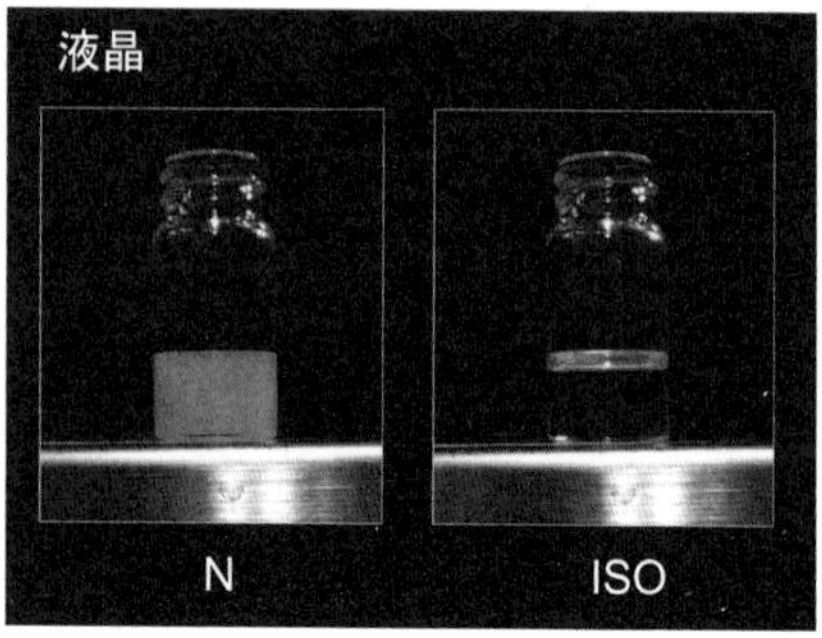

(a)　(b)
図66

これが液晶ですが、今濁っていますね。（図66(a)）ここで温度を上げると、ほら透明になります。（図66(b)）液体になったわけです。この有機物質は温度を上げると液体で温度を下げると液晶になってもっと下げると固体になって固まります。

液晶の状態と云うのはこんなガラスの容器に入れて見ると、こういう濁った状態です。液晶の分子はこう云う細長い分子です。（図67）これは忘れて下さって結構です。

この図（図68）は液晶で光をスイッチする原理を示しますが、透明な電気を流すことの出来るＩＴＯと云うガラスの電極で液晶を挟んでいます。さっき云った偏光子も使われていますし、実際には半導体素子も組み込んであることが多いです。しかし、原理を云い出すと、私はそんなものわからんから聞きたくない、と云う感じの方もおられますので、これは云いませんが、まあ、そう云うものを使っています。実際にはこの図（図69）のように非常に薄い所に液晶を入れ込んでやっています。非常に薄い所に入れているわけですから、液晶は余りたくさんいりません。ですから液晶の

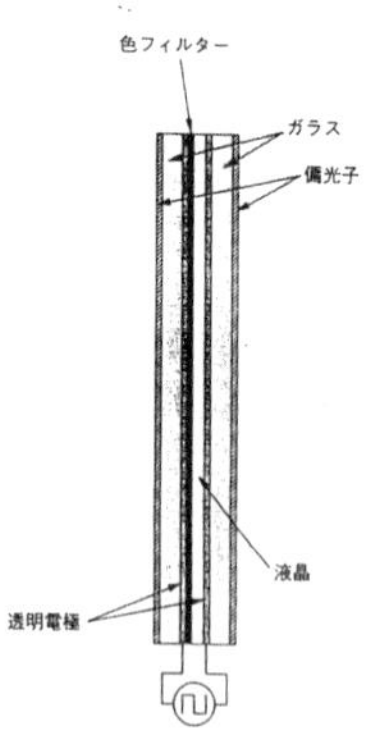

図69

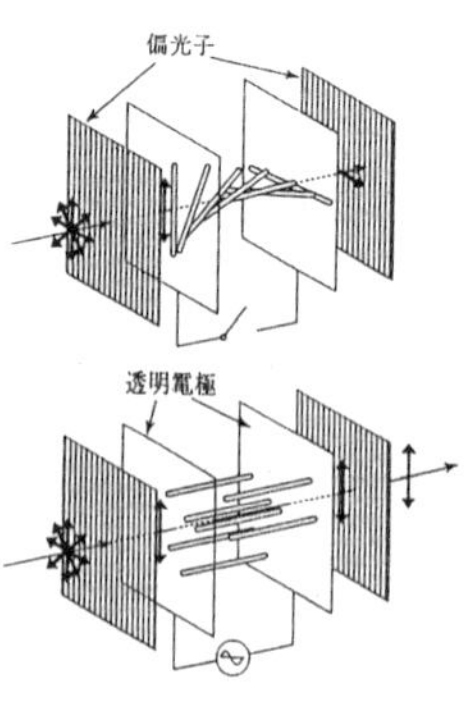

図68

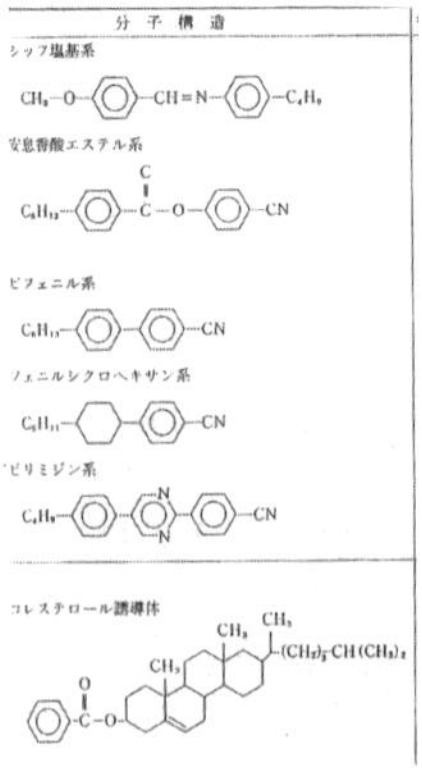

図67

強誘電性液晶の電気光学効果

ヘリカル変歪型	1977
超薄ホモジニアス配向型	1979
過渡散乱(TSM)型	1984
ホメオトロピック配向型 （In plane 型）	1991
導波路型	1990
スピンコーティング型	1994
赤外領域の電気光学効果	1985

図70

図71

材料を作っているところは余り儲からないかもしれませんね。

それで今のようなもので光のスイッチをする。一つ一つ赤と緑と青、光の三原色の色がありますから、そのためにカラーフィルターを使います。このカラーフィルターはもの凄く小さい赤、緑、青のカラーフィルターがうまく並べて作られており、それぞれに一つずつ液晶のスイッチがあります。ですから液晶のスイッチと半導体を組み合わせていますし、それぞれのスイッチがもの凄く小さいですから、大変なハイテクであります。

一方、私自身はこのほか強誘電性液晶と云う液晶を作ってその性質を明らかにし、さらに応用の研究もしましたが、これは省略しましょう。ともかく、ネマティック液晶に比べて数桁も高速に光スイッチが可能で、いろんなディスプレイの原理を提案しました。（図70）細かくなりますので、このあたりの話しは省略します。液晶の面白いのはですね、これを顕微鏡で見ると非常に美しくて、こんな綺麗な色、模様が出てきます。（図71）しかもダイナミックに変化します。これ、まるで宍道湖の岸辺に花が咲いているように見えますが、決して宍道湖を映像として出したんじゃなくて、液晶分子自身が適当に勝手に並んでいる状態がこんなに見えているわけです。非常に夢があって楽しい材料であることが分かると思います。

こう云うことがあって、液晶、有機物はいいな、面白いな、と云うことで、更に、有機発光ダイオード、有機ELの研究が盛んになってきました。(図72)勿論、この有機ELを我々もやっていますが、今、ここ阪大ですと、私の所で助教授をやって貰っていました大森裕教授も現在先端科学イノベーションセンターでやられています。

これらをずっと眺めてくると、この科学技術の世界は実は一九五〇年くらいまでは真空を使っていた。真空管のように真空の中の電子の動きを使っていた。次は無機半導体、SiとかGaAs等の無機物質を使っていた。更に、次には有機物質、バイオの時代となってきた。有機物質の中の電子の動きを利用するようになったと云うことです。(図73)

勿論、決して、これは真空、無機物質がエレクトロニクスの世界から消えて無くなると云うわけではなく、これらもどんどん進歩していくでしょうが、いろんな新しいものが出現して使えるようになってくると云うことです。即ち、エレクトロニクスの原理をつきつめてみると、結局、まあ真空でもいけるし、無機の石ころみたいなものでもいけるし、有機のような柔らかなものでもいける。結局、エレクトロニクスは一体なんだと云うことになります。

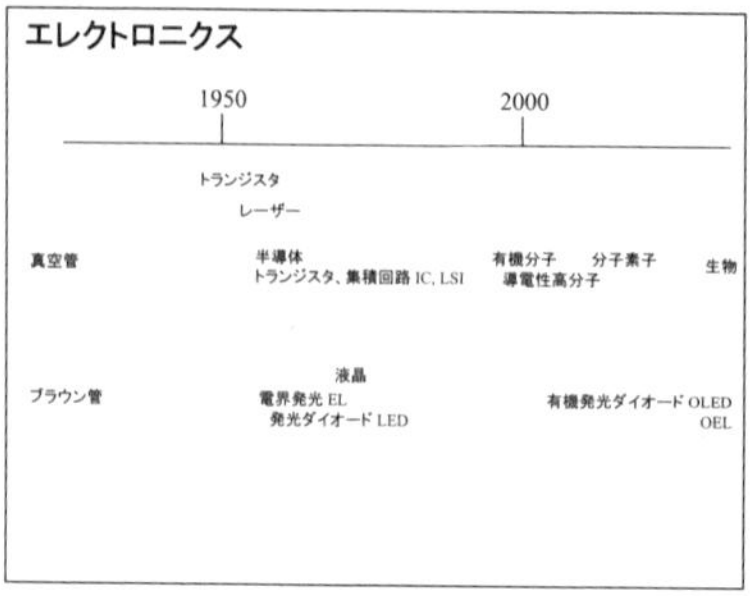

図72

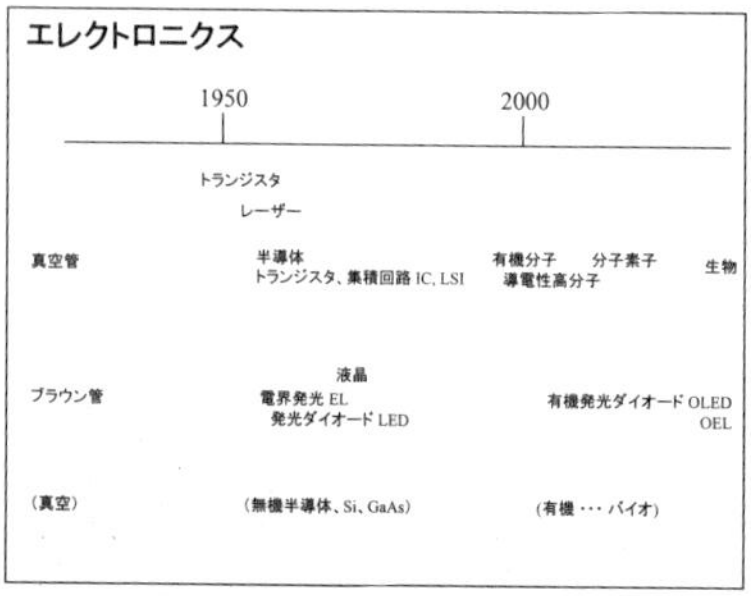

図73

ところで、私自身の研究を振り返ってみますと、一九六〇年に大学に入って、その頃レーザーが発明されてますから、一九六三年研究室に入っての卒業研究はまずQスイッチルビーレーザーを作ることから始まりました。これは助教授の先生と一緒にやっていまして、同時にKDP等の非線形光学効果結晶も作ってやっていました。(図74)

一方、教授は絶縁が専門、液体が専門でして、

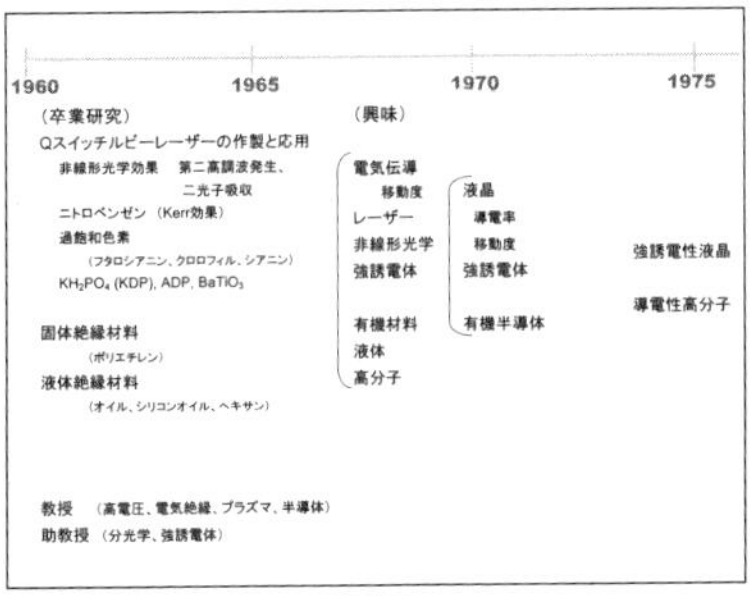

図74

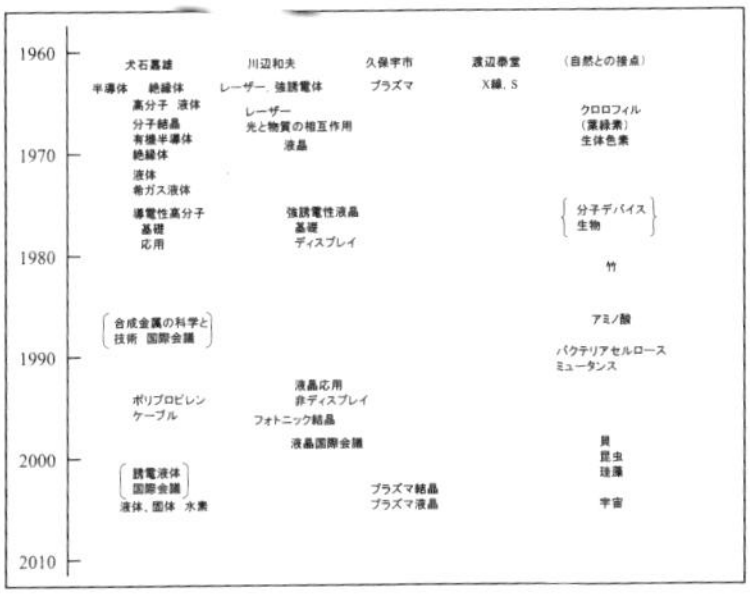

図75

この先生の下におったので興味がだんだんいろんなものに広がって絶縁もやりましたが、やがて五十歳前後から実際の取り組む研究は逆に狭くなって、後、定年近くなると更にかなり狭くなってきました。

即ち、教授が高電圧、電気絶縁、プラズマ、半導体、助教授が分光学、強誘電体が専門で、この両方の影響を受けているわけであります。

具体的に云いますと、教授が犬石嘉雄先生、助教授が川辺和夫先生、それから助手のプラズマをやられていた久保宇一先生、X線や結晶をやられていた渡邉泰堂先生、これら皆んなの先生方と一緒にやってきました。

私は非常に素直ですから、（爆笑）この先生が、″これやれ″、″はい″、この先生が″これやれ″、″はい″、全部聞いていますから、何でもかんでも屋になって、何をやってるのか分らんようになってしまったわけです。今もって、液体、固体、結晶、液晶、導電性高分子、絶縁、プラズマと色々やってますが、導電性高分子、液晶などは私が始めたわけです。

ただ、私はやっぱり自然との接点が好きと云うことで、レーザーをやっていた最初の頃、レーザー用として葉緑素を使っておりましたし、それから分子デバイス指向と云うことで各種の葉緑素、生体色素なども取り扱いました。（図75）

味の素との関係でアミノ酸、更にその関係で山中茂教授とバクテリアセルロースの研究もやりましたし、それから歯学部の和田先生とも関係しましたが、大阪歯科大学の永目先生との関係ではミュータンス、虫歯菌など、とんでもないものまでやっています。

また、ここ十年前後フォトニック結晶と関係して、貝とか昆虫とか、藻類等いろんなものをやって、挙げ句の果て、星のことまでやろうとしています。

この後、絶縁の話はやりませんので、少しだけここで絶縁に関係することに触れておきます。これに関しては関西電力さん、三菱電線さん、三井化学さんと一緒に仕事を進め、お世話になったこともあります。

普通、電気、電力を送るケーブルはポリエチレンで絶縁されています。ケーブルは真ん中に電流が流れる銅線がありまして、これは勿論大事ですが、それと同じくらい大事なものがその銅線の周りを覆っている電気の通らない絶縁物でして、これにポリエチレンが用いられています。ポリエチレンはポリ袋などと同じ材料でして、耐熱性がありません、即ち、熱に弱いので、架橋と云う方法で一〇〇度余りの温度に耐えるように材料が処理してあります。それに比べてポリプロピレンと云うのは耐熱性が良いので、はるかに高温で使えておかしくないのですが、これは絶縁に使えないと云うことが電力業界の常識になっていました。〝だめ〟と云う烙印が押されて五十年以上たっていました。そんな中で私が変なものをやりましょうと提案しました。ポリプロピレンを使ってケーブルを作ろうと云うことです。

ポリエチレンと云うのはこう云う分子構造をしております。(図76) 炭素Cがずっと長く繋がっていますが、ポリプロピレンの構造はほんの一寸違うだけです。これを使いましょうと云うことです。実はポリポロピレンにはいろいろなものがありますが、一寸、微妙に構造が違うものが出来るようになったと云うことがきっかけです。(図77) これは以前に国内留学で私の所に研究生としてこられていた杉本隆一さんとの話で分かったことなんです。よく調べると、結果として、

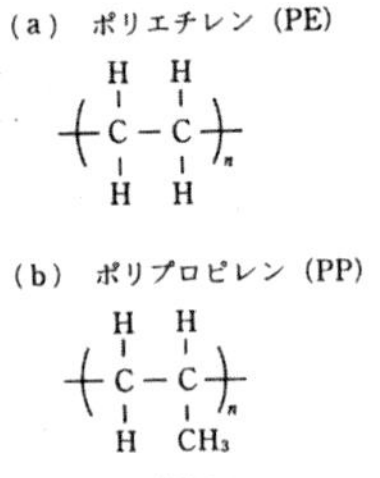

図76

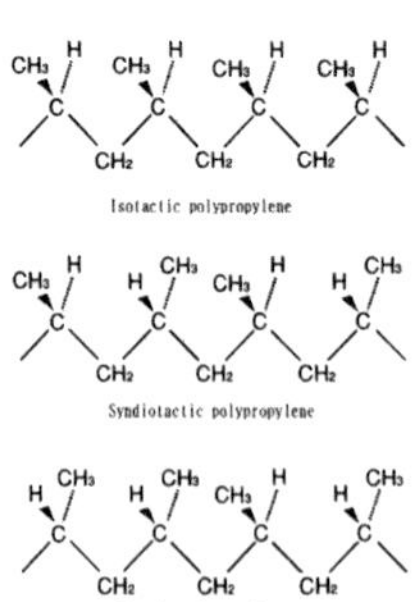

図77

従来の常識を覆すような性質があることが分かってきて、絶縁材料として耐熱性は非常に高いし、電気的にも非常に優れていることが明らかになってきたんです。最終的には、このようなケーブルを作ったんですね。（図78）　22ＫＶのケーブル、二万二千ボルトで使うケーブルです。ここまで三井東圧化学、合併後は三井化学ですが、三菱電線工業、関西電力さんらと一緒にやったんです。このケーブルをこう云う試験装置でテストしました。（図79）　これは関西電力さんの試験装置で、三ヶ月にわたって試験をした結果、非常に優れていることが分かりました。

実際の云いだしっぺは私で三井東圧さんに協力して貰って何年かやって、次に三菱電線さんにも協力してもらって数年、最後に関西電力さんに協力して貰って、こうしてできあがったんです。そうしますと、新聞に出まして、「再生可能ケーブルの試作、関西電力などと」として。（図80）、よく見ると、このところに小さく「人阪大学の吉野教授」、とあります。私が中心になってやったつもりですが。（爆笑）

図78

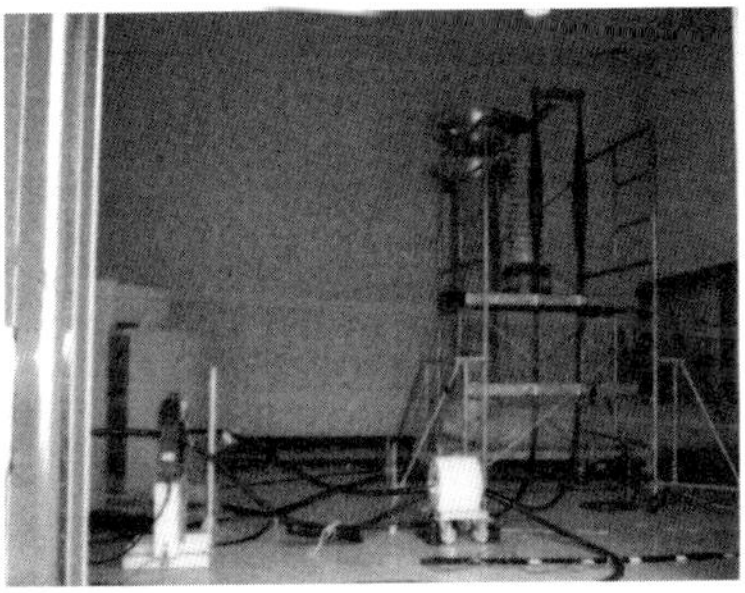

図79

電氣新聞
2001年（平成13年）7月31日（火曜日）　日刊

関電など
再生可能ケーブル試作
電力用 2万V級 世界で初めて成功

中部電力 川口社長
企業体力の強化を
新体制での支店長会議 新規事業にも決意

図80　電気新聞 2001年７月31日第一面

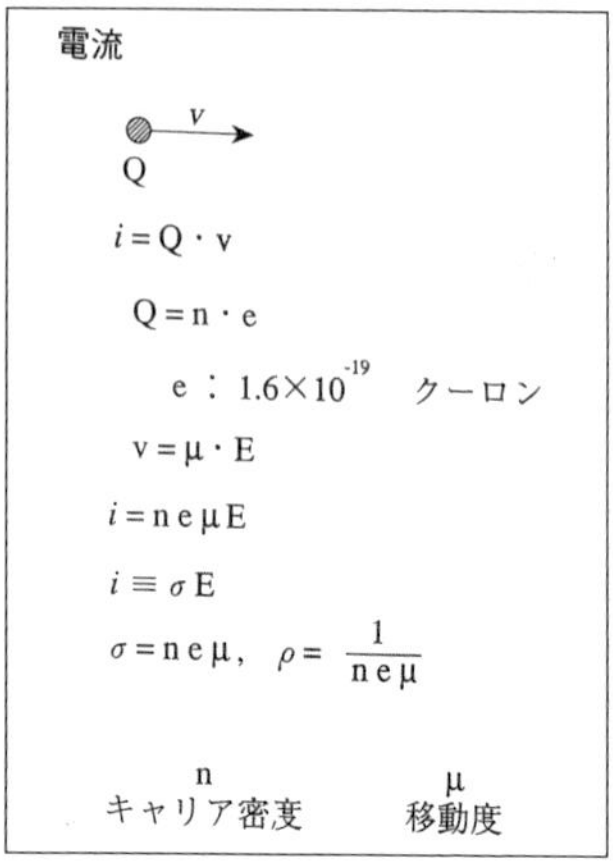

図81

さて、話を元に戻して、真空の中でエレクトロニクスが出来る、半導体、無機物でも出来る、有機物でも出来る、これは一体どういうことでしょうか。シリコンや砂、岩石を構成するものでなくとも、C,H,O,N,炭素や、水素、酸素や窒素などと云う生物を作るものでもエレクトロニクスが出来るじゃないかと云うことです。

ですからあらゆるものに適用できるエレクトロニクスの基本だけは理解しておかねばならない。実は、これが非常に簡単であります。

ここだけしか式は出てきませんので一寸だけご辛抱下さい。

電流、電流の大きさと云うのは、どれだけの電荷が、電荷をQとすると、どれだけの速さvで動くかと云うことで決まってきます。(図81）電流iはQかけるvで、

$$i = Q\cdot v$$

であります。

どれだけの電荷かと云うのは、どれだけの電子、エレクトロンがあるかと云うことです。イオンでもいい。エレクトロン一個一個は 1.6×10^{-19} C（クーロン）と云う電荷を持っていますから、これが単位で、これをeとすると、それに電子の個数nをかければよい。

$$Q = n\cdot e$$

です。

スピードvはかける電圧Vに比例すると考えるのが自然ですから、比例係数をμとすると、これは移動度

(mobility)と呼ばれますが、vは次式で表されます。

$$v = \mu \cdot E$$

Eはかけた電圧Vをどれだけの距離にかけたかの距離dで割ったもの。

$$E = V/d$$

すると

$$i = Q \cdot v = ne\mu E$$

となります。

オームの法則では電流は電圧に比例しますから、次の形で表されます。

$$i = \sigma E$$

σは導電率、電気伝導度と呼ばれ、その逆数が比抵抗です。

上の式から

$$\sigma = ne\mu$$

となります。

電流の良く流れるものは金属（導体）、流れないものは絶縁体、中間が半導体ですが、基本の関係はこの式しかないですから、一体、何で出来ているかには関係なく、これが共通であります。この式を見て性質の違いが説明できる筈です。

なぜ、金属、半島泰、絶縁体の違いがあるのか、この式の中でどれが重要か。

eと云うのは電子一個一個の電荷ですから、宇宙の果てまで行っても同じ、nは数、μは動きやすさを表す係数でした。eは一定ですから、この中で物によって異なるのはnとμです。一体、nとμのどちらで性質が決まるかと云うことを考える必要があります。常識的に考えると、μ、動き易さで決まるのかなと思いがちですが、本当はnで決まります。動ける電荷がどれだけの数あるかと云うことで決まります。nがもの凄く大きいと金属のように電流がよく流れることになります。

逆に、電子が速く動ける物質でも電気の流れないものもありますよ、と云うことです。それはnが極端に小さいときです。

従って、nがどのようになるかを知っておく必要がありますが、そのためには物質がどのようにしてできているかと云うことを知っておく必要があるわけです。

要するに、そりゃ、いろんなものがありますが、すべて原子、分子でできています。これ自動車ですが、これは無機物でいろんな金属の原子からなっており、夫々の原子の原子核の周りに電子がいっぱいあります。(図82)

全く別の自然のものである木をとってみても、木も原子、分子から出来ており、分子も原子からできていますので、木を作っているたくさんの原子の原子核の周りに電子がいっぱいいます。(図83)

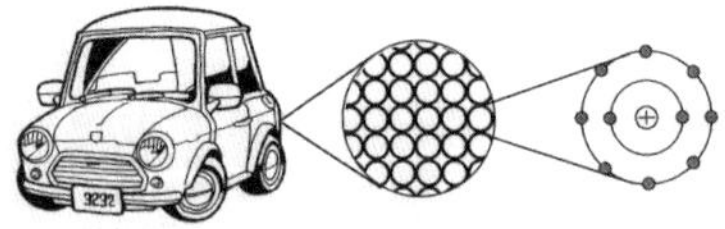

図82

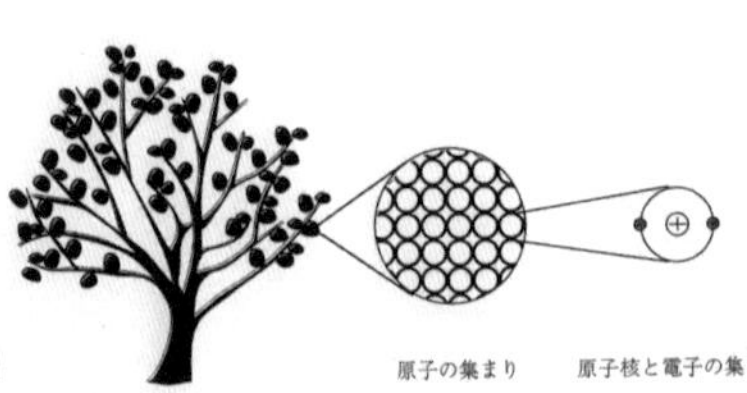

図83

H							He
Li	Be	B	C	N	O	Fe	Ne
Na	Mg	Al	Si	P	S	Cl	Ar

図84

あらゆるものがいろんな原子からできています。

するといろんな原子を重さの順に並べて整理するとこの周期律表が出来るんですが、夫々縦に重なっているのは性質が似ています。(図84)〝すいへい（水兵）のりーべ（ドイツ語で愛）はぼく（僕）のふね（船）、けいりん（競輪）いおうえん（円）あるか〟、(H, He, Li, Be, B, C, N, O, F, Ne, Na, Mg, Al, Si, P, S, Cl, Ar, K, と大学入試のために覚えた人も多いと思いますが、この中でどれかだけがエレクトロニクスに使えると限られているのじゃなくて、全部使えるはずです。普通はこの中でSiをよく使っていますね。ところが生物はこのCなどを使っている。このCはSiと同じ仲間ですね、同族です。ですから考えると、Cがエレクトロニクスに使えておかしくない。しかも、Cは電子が少ないから考え方もSiより簡単な筈です。

例えば、C炭素だけからなるもので有名なものにダイヤモンドとグラファイトがあります。ダイヤモンドは無色で硬い、電気の流れない絶縁体です。ピカピカ光って綺麗と云うのは別の理由です。

これに対し、グラファイトは黒い、固くない、電気の流れる金属で性質が全く違いますね。他に最近作られるようになったフラーレンとかナノチューブがありますが、これらはまた性質が異なります。こっち、ダイヤモンドは値段が高いが、こっち、フラーレンやカーボンナノチューブはどうかと云うと、これも結構高いですね。

同じCだけからなるなのに何でそう大きな性質の違いが出てくるのか。それは定性的に次のように云うことが出来ます。

もともとCの原子核の周りには六個の電子があります。ところが、実際にそれぞれの物質では炭素同士が結合している、手を結んでいるんですが、その結合の仕方が異なっているんです。C原子からの電子が何個か出てそれを介して結ばれているんですが、その手をつなぐ電子の状態、電子の軌道と云うんですが、これが違うんですね。炭素原子

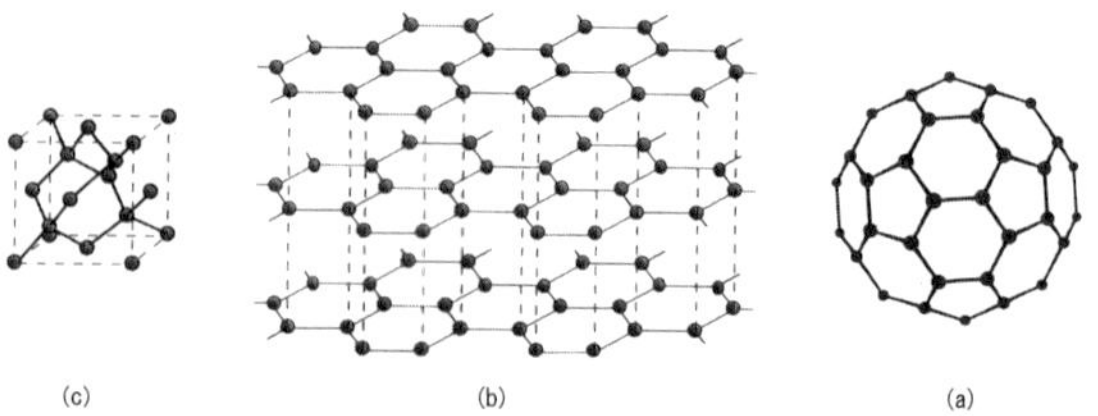

図85

Cの場合、プラスの電荷を持った原子核の近くに二個、少し遠いところに四個の電子がありますが、この四個が結合に関与しています。

図85は(a)フラーレンC_{60}、(b)グラファイト、(c)ダイヤモンドの構造です。他の主として炭素を骨格としてできている物質でも同じような考え方で説明できます。

図86の一番上に示すポリエチレンの炭素は四個の電子のうち二個は両隣の炭素と互いに結びつくのに使われ、残りの二個はやはり両隣の水素と結びつくのに使われています。それに光を当てると炭素間の結合に使われている電子が飛び出し動き出します。

どのくらいのエネルギーで電子が飛び出して動き出すかというと、8.5エレクトロンボルト(eV)。(図87）これは空気中を伝わるか伝わらないかのぎりぎりの波長の紫外線のエネルギーに対応します。よくオゾンホールが出来て紫外線が入って人間がやられると云う話しがありますが、それはこのくらいのエネルギーで人間の体を構成するものがやられる、壊されるからです。このくらいのエネルギーの光が入って絶縁物では電子が飛び出して動き出すのと同じように、人間の体を構成する多くのものがこのような構造を含んでいますので、このようなエネルギーの光で電子がたたき出されて、いろんなことが起こるからです。これに対して、目に見える光のエネルギーは2〜3 eVでずっと小さいですから、ポリエチレンは可視光を吸収できず、このような光に対してスカスカで、可視の光が通ると云うことになります。ポリエチレンはスーパーで買い物した時に入れる袋や

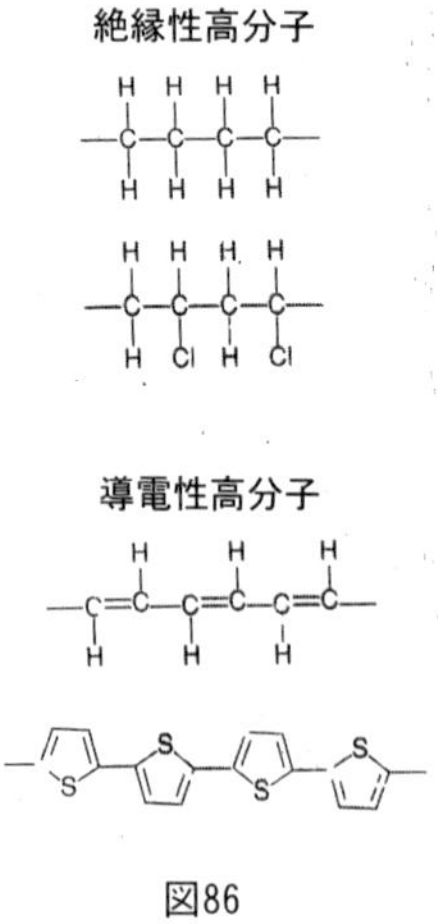

図86

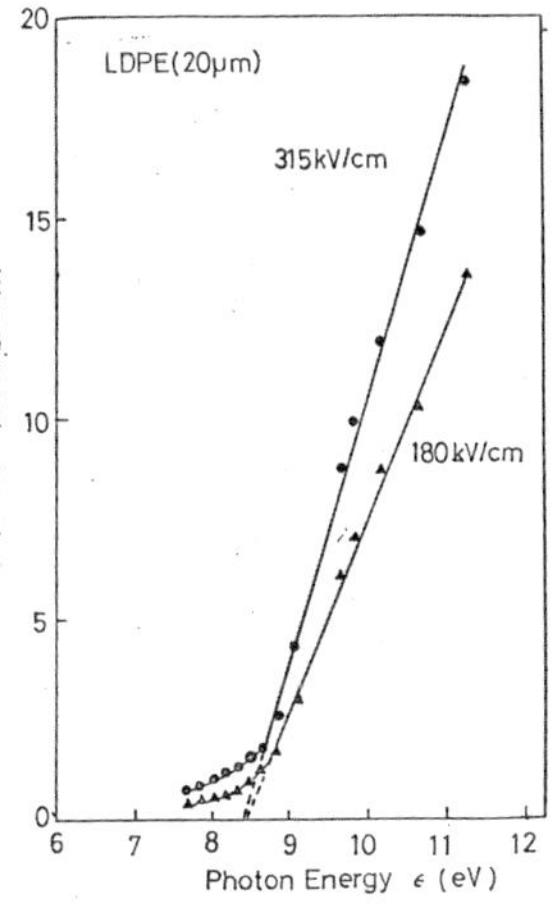

図87

ゴミ袋としても使われています。従って、ゴミ袋は無色です。黒とか青のゴミ袋は何らかの色素を混ぜて色を付けてあります。

もう一度説明しますと、炭素の原子核の周りには六個の電子がありますが、中心に近い所に二個と、少し外側に四個の電子があります。この四個が隣と手を結んで結合に使われます。それを取り出さないと動けない。それを取り出すのに大きなエネルギーが要って、紫外線より大きなエネルギー、皆さんがオゾンホールが出来て怖いと云っている、オゾンホールを通り抜けてくる紫外線くらいのエネルギーの光でやっと出る。

この図（図86）の上の二つが絶縁性高分子、ポリエチレンとポリ塩化ビニルいわゆる塩ビの構造です。塩ビもポリエチレンと同じで四本の手で結ばれている。従って大きなエネルギーを与えて取り出さないと電子が流せない、従って、やはり絶縁体です。

この図の下の二つは導電性高分子の例でポリアセチレンとポリチオフェンですが、導電性高分子と云うのは下から二目のポリアセチレンから分るように単結合、二重結合、単結合、二重結合の繰り返しが長く繋がったものです。二重結合の中の一つの結合は今述べたポリエチレンなどの結合と一緒です。二重結合のもう一つの結合を作っている電子は簡単に取り出せます。小さいエネルギーで取り出せます。目に見える光のエネルギーを吸収すると飛び出すので取り出せます。

一番下のポリチオフェンも単結合、二重結合、単結合、二重結合の繰り返しで、この二重結合の一つの電子は簡単に取り出せますから、こっちの方は目に見える光を吸収するために色が付いていますし、簡単に電気が流れます。

これは二重結合があって電気が流れる系統ですが、2エレクトロンボルト(eV)より大きなエネルギーの光を吸収し

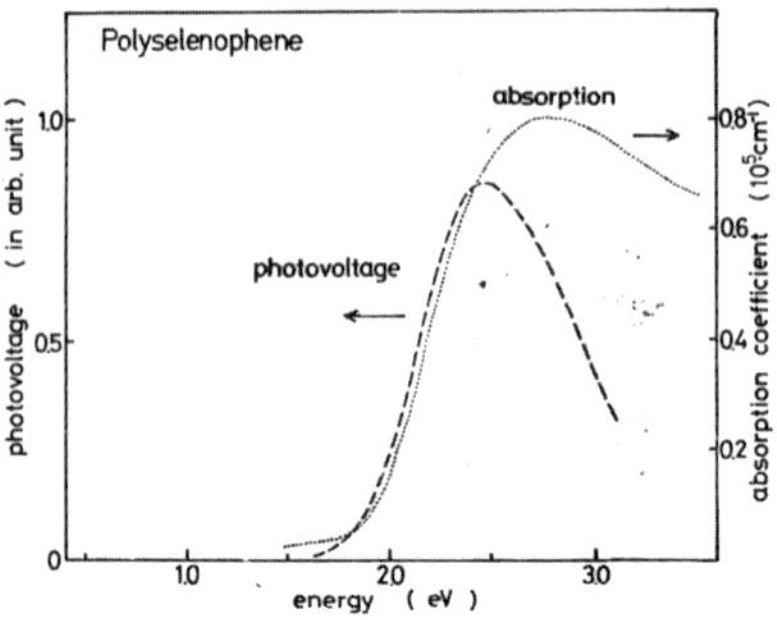

図88

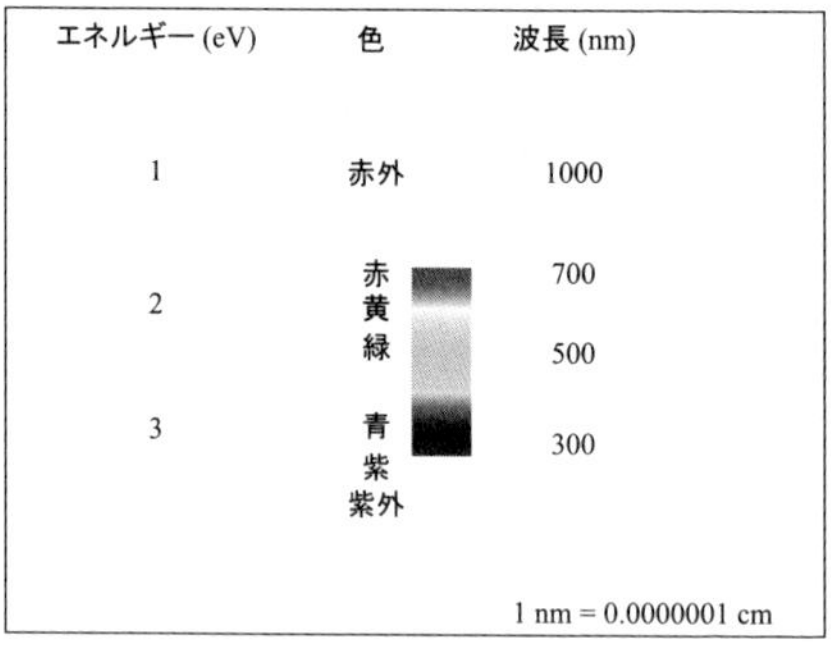

図89

ます。(図88) 吸収の長波長側の端っこ、吸収端が2eVです。

2eVは光では赤。このあたり2.2eVあたりが黄、このあたり2.5eVあたりが緑、このあたり3eVを超えるところが紫ですから、黄色、緑、青は吸収しますので、赤しか通りません。ですから真っ赤なフィルムです。しかも太陽電池もこれで出来ます。エレクトロンボルト(eV)と云うのはエネルギーの単位で、真空中で電子一個が一ボルトの電圧をかけて加速したときに得るエネルギーで、一寸聞くと小さいエネルギーのように感じますが、実は結構大きなエネルギーです。

光の波長と、エネルギー、色の関係大体この図のようになっています。(図89) 我々が見ることができるのは大体2～3eV程度のエネルギーに対応する波長のところ、この辺が我々が周りで見る花や葉などの色ですが、エネルギーで云いますとほんの一部分の領域であることが分ります。

これを固体物理で説明する時には次のように云います。これは電子帯構造と云う考え方です。(図90) 物質中の電子

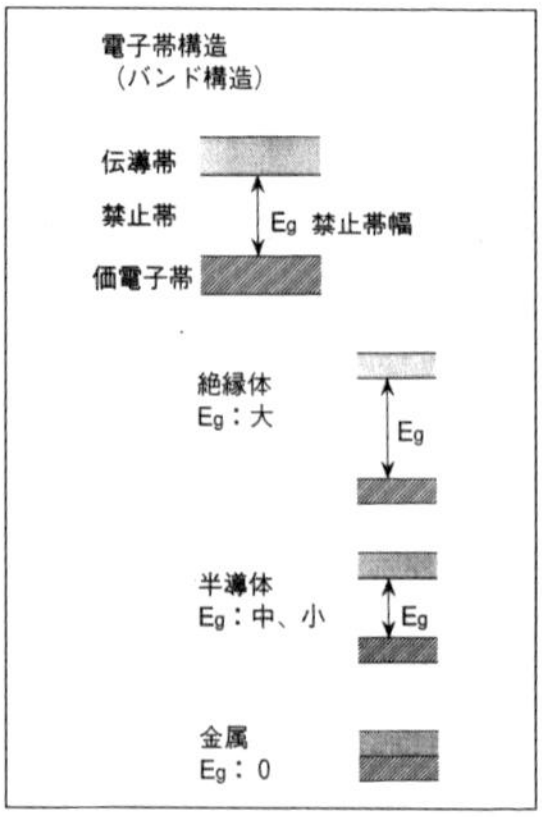

図90

はどんなエネルギーでも取れるのでなく、取れるエネルギー領域と取れない領域があります。取れない範囲が禁止帯、取れる範囲が許容帯と呼ばれますが、許容帯のうち実際に電子が存在して満ちている範囲が価電子帯、電子が存在しうるけれど実際には存在していない領域が伝導帯です。価電子帯には電子が満ちていますので、そこでは電子は動けません。

電子が自由に動くためには、価電子帯から伝導帯へ電子を上げなければなりません。エネルギーを与えて上げて自由に動けるようにしなければならない。自由に電子が動けるようにするために大きなエネルギーが必要であればそれは絶縁体、小さければ半導体、0であれば金属と云うことになります。別の云い方をすると全然エネルギーを与えなくても電子が自由に動けるようであれば金属と云うことになります。

専門外の人には、こういう風に説明します。(図91)

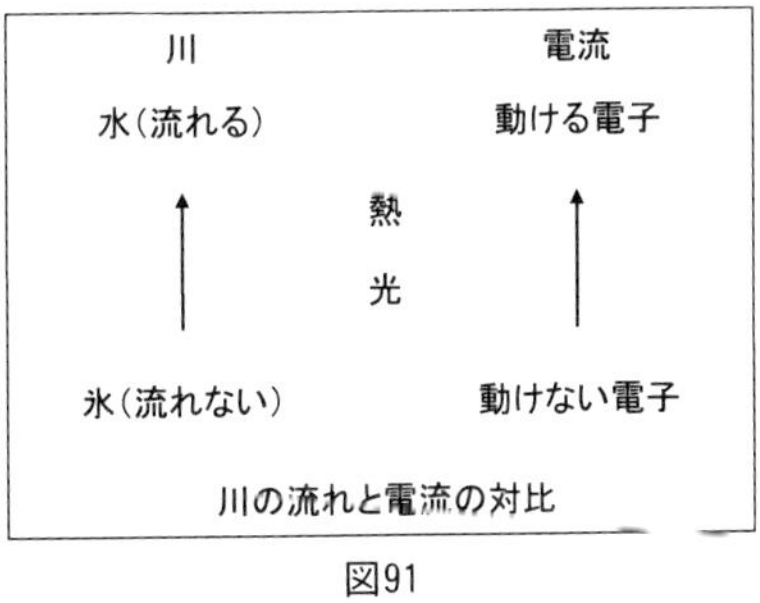

図91

それが先程の絵で云うと電子を取り出すのに大きなエネルギーが要るか要らないかと云うことになります。川で例えてみるとよく分かります。

川は水がありますしかし、水が凍っていると川は流れません。これに熱を与えてやると氷が解けて動けるようになるから流れる。光を当ててそのため氷が溶けるとやはり流れる。

電子も同じです。あらゆる物の中に電子はいっぱいありますが、それが凍ったと同じように動けない状態であれば電気が流れない。それが熱や光を貰って動けるようになると流れる。太陽電池も同じです。光のエネルギーを貰って動けるようになったのが太陽電池の役割をする訳です。有機系の材料ですと単結合と二重結合が繰り返し長くつながっているものが電気的に面白い、電子デバイスや光デバイスに応用できる可能性があると云うことになります。

ともかく、電子などを自由自在にコントロールするのがエレクトロニクスであります。物には限らない、依存しな

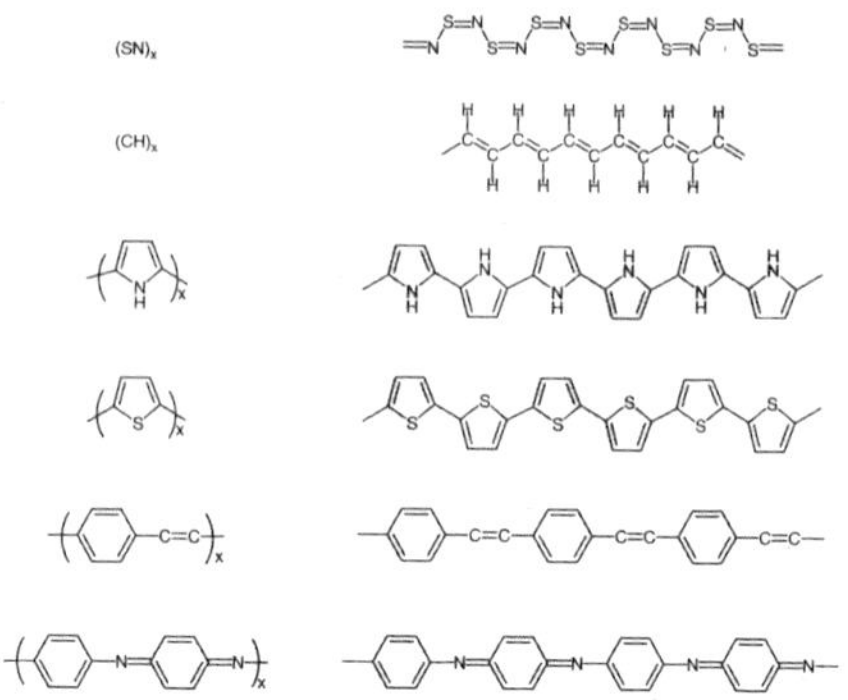

図92

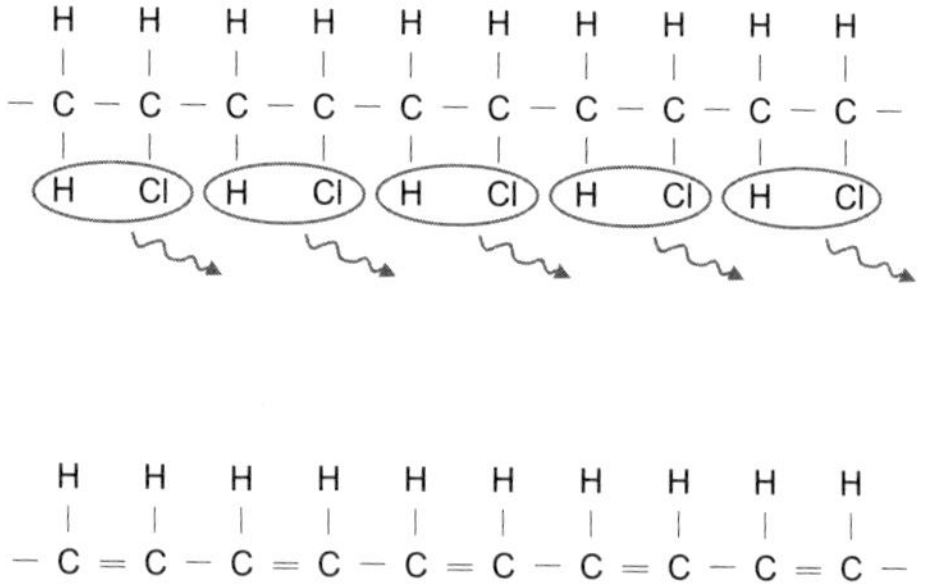

図93

いと云うことです。オプトエレクトロニクスはそれに対してフォトン(光子)、光をコントロールしている。

従って、炭素系でもいろんな可能性があるわけです。

たとえば、これが二重結合のたくさんある高分子、導電性高分子の例でります。(図92) 番上が私がやっていた(SN)x、三番目の物も私がやっていたポリチオフェン、二番目がノーベル賞を貰った白川さんがやっていたポリアセチレンです。

これ、このポリアセチレンで皆さんに導電性高分子が非常に有名になったんですが、その当時、一九七〇年代ですが、私はこんな物やってましたので、白川さんを含めて皆さん仲間だったわけです。

その後いろんな分子構造の導電性高分子が研究開発され様々な面白い性質が見出されました。

さて、通称では塩ビ、塩化ビニル、正式にはポリ塩化ビニルと云うのがありまして、分子構造は図93のように書けますが、塩ビは焼けたら真っ黒になります。何で真っ黒になるかと云うと、塩ビの構造にHとClがありますが、温度が上がるとこれがHClとして飛んでいくからです。これを化学屋さんはジッパー作用と呼ぶらしいです、間違っているかもしれませんが。ClとHが飛んでいったら電子のことを考えると二重結合ができざるを得ないから、電気が流れる構造になります。真っ黒になるのはこれによって禁止帯幅、バンドギャップが小さくなるからです。バンドギャップがあって電気がよく流れないものは絶縁体ですが、バンドギャップがあっても一寸小さめで、赤とか黄色とか緑の色の付いている物は半導体と呼ぶことが多いです。しかし、バンドギャップが小さいと思うか大きいと思うかは状況によって異なりますから、半導体も本質的には絶縁体と同じと云ってもいいわけです。

その絶縁体、半導体である導電性高分子に鼻薬を少し入れると電気がずっと良く流れるようになり、金属になります。鼻薬を抜くと絶縁体に戻ります。これが導電性高分子のドーピング、脱ドーピングによる絶縁体―金属転移と呼ばれる現象です。(図94)

Insulator（絶縁体）　⇄　Metal（金属）
doping（ドーピング）

soliton　（ソリトン）
polaron　（ポーラロン）
bi-polaron（バイポーラロン）

図94

その時、これを説明するためHeegerさんとかいろんな人が理論を作ってソリトン、ポーラロン、バイポーラロンと云う概念が導入されました。これが刺激となってたくさんの物理学者もこの世界に入ってきました。

さて、私たちが生きていると云うことはどう云うことかと云うことを考えて見ましょう。

太陽の光が当たって植物が大きくなります。それを食べて私たちは生きています。中には、〝私は草を食べずに牛を食べている〟、と云う人もいますが、それも結局、牛が植物を食べて、それで牛が大きくなって、その牛を食べています。従って、結局、草を食べていること、太陽のお陰と云うことになります。(図95)

人間は太陽のおかげで生きている
エネルギーは全て太陽の光から植物を介して　C,H,N,O,…
情報の多くは太陽の光を利用して　C,H,N,O,…
論理、思考、記憶は脳で　C,H,N,O,…
植物の｛緑・・・・・・・・葉緑素（クロロフィル）
　　　　赤・・・・・・・・カロチン

図95

私達は花を見て綺麗だと思います。それは太陽の光が花で反射して、その反射した光が目に入って、それで見えて、その結果を頭で判断して綺麗と思っています。蜂が来たら怖いから逃げようと思います。蜂が来るのが分かるのも太陽の光が蜂に当たってそれが反射して目に届いているからです。ですから私達はあくまでも太陽の光をベースに生きています。その時に、エネルギーを取り込むところも、身体を作るところも全て生物ですからC,H,N,Oこれらが主体です。情報を取り込む目の中もCMOSとかCCDカメラとかの半導体イメージセンサーがあるわけでなく、全部C,H,N,Oからなるものがあります。即ち、有機分子であります。

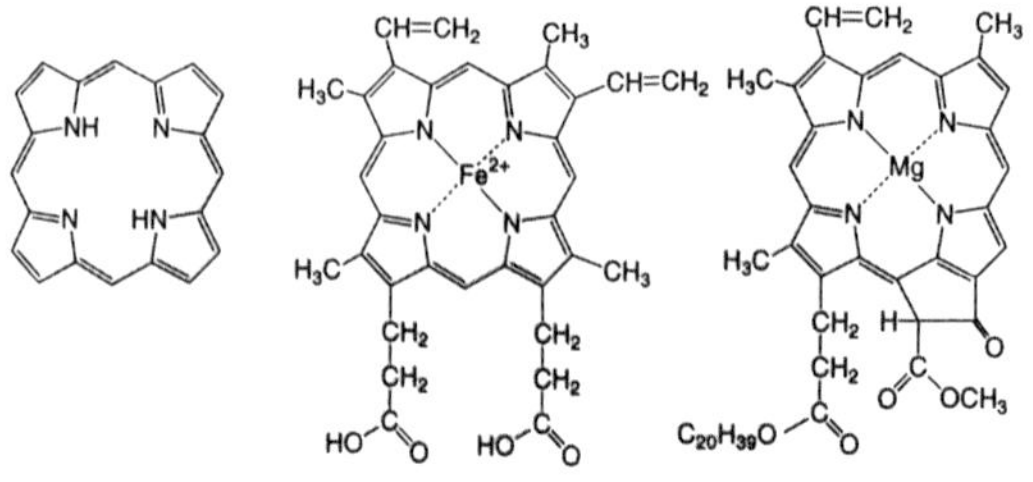

図96

一寸細かい話しになりますが、植物が太陽のエネルギーを貰って、炭酸ガス、水を吸収して成長していくのを炭酸同化作用と云いますね。その時太陽のエネルギーを取り込む窓口にしているのが図96に示す分子でして、これは葉緑素の中のクロロフィルであります。これでまず太陽の光を吸収しているわけです。

葉緑素、クロロフィルと云うのも、この図、図96(a)のように単結合、二重結合、単結合、二重結合、単結合、二重結合が長く繋がっていますから、これで光を吸収します。真ん中にマグネシウムMgが入っています。これが葉緑素、クロロフィルの分子構造です。これがないと私達は生きていけない、勿論、成長も出来ない。このクロロフィルは緑色です。

ところで、私達の体の中に血液があります。血液は真っ赤ですね。時々、貧血になる人がいますが、血液の色はこれで決まっています、ヘムと云います。(図96(b) 血液の中にあって酸素を運ぶ大事な役割をしているヘモグロビンが赤いのはこの分子があるからです。これも単結合、二重結合、単結合、二重結合が長く繋がっています。ですから色がついているわけです。これとさっきのクロロフィルと分子構造は殆ど一緒なんですよ。ですが、ヘムでは真ん中に鉄、Feがある。だから貧血になりやすい人は緑色のクロロフィルがあるほうれん草を食べなさいと云うことは、これを食べなさい、採りなさいと云うことです。血液の元を採りなさいと云うこと、この分子構造の骨格を採りなさいと云うことです。鉄分を採りなさいと云うことも、この真ん中に必要な鉄を採りなさいと云うことです。鉄とマグネシウムが入れ代わるわけです。貧血気味の人はこれを思い出して野菜を食べて鉄を食べて下さい。鉄が欠けてもいけませんから。

ついでに云っておきますと、お茶の色が緑なのはこのクロロフィルの色なんですね。ところが、放っておくとそのうち茶色になりますね。実は、このMgが抜けるからです。逆に銅、Cuを入れるとまた緑になります。歯磨き粉なんかに葉緑素入りと書いてあることがありますが、あれはMgの代わりにCuが入っていて安定になっているんですね。要するにこれらの分子に色が付くと云う基本には周りの二重結合、単結合の長い繰り返し構造の存在があって、これで基本的な色が決まっています。真ん中の金属の種類によって更に微妙に色が変わるんですね。

図96(c)にも書いていますが、クロロフィルやヘムに共通の骨格構造のものがポルフィリンと呼ばれていて、いろいろのものがあります。

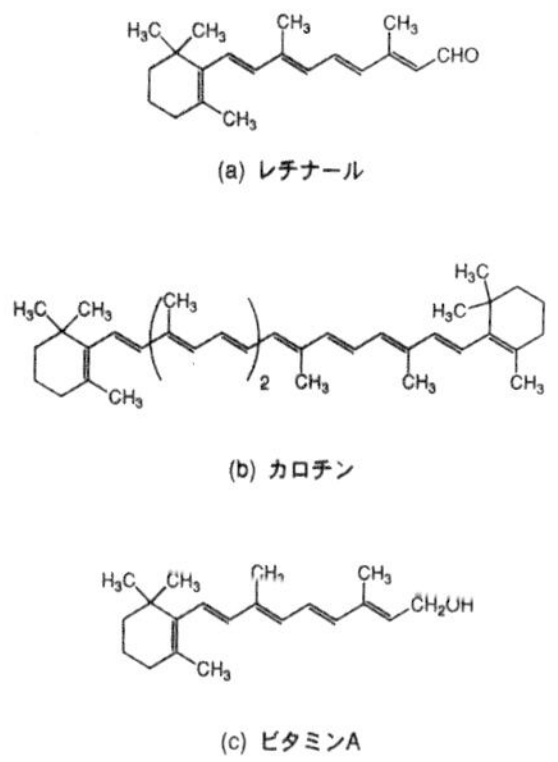

図97

信州大学農学部の山中茂教授から聞いたんですが、地中深い所にもこのリング状のポルフィリンが見つかっているそうです。ただ、分子構造の真ん中にある金属は深さによって変わっているとのことです。深い所のものにはバナジウム、Vが入っているものもあるそうです。逆に云うと、これらを上手に使うと金属が分別できると云うことかもしれません。

今度は、人間がいろんな情報をとっている目であります。目の中にはロドプシンと云うものがあって、その中にレチナールがあります。このレチナールも図（図97(a)）から分かるように単結合、二重結合、単結合、二重結合が繰り返し繋がっています。このレチナールが目の中で光を吸収して、それがスタートなって、いろんなことが起こってものが見えている。後、頭で判断しているわけです。

カロチンと云うのがあって、これも色が付いています。真っ赤な色です。カロチンはこんな構造をしています。(図97(b)) やはり単結合、二重結合が繰り返し長く繋がっている構造ですので色がついているわけです。

ビタミンAの構造がこれです。(図97(c)) これを見るとニンジンを食べたら目が良くなるのは当たり前ですね。カロチンを真ん中から真っ二つに切ったら、これ、レチナールになります。ですからカロチンをスパッと噛み切ったら、これになるから目が良くなる。時々こんな話しをしますと、〃私、真ん中で噛み切っていますでしょうか、心配です〃と云う質問する人があります。(爆笑)

〃どこで切っても大丈夫ですから、ともかく食べるのが大事です〃と云います。(爆笑)

ビタミンAがないと鳥目になってだめ、と云うのもこれで分かりますね。このビタミンAも分子構造がほぼ一緒ですからね。ですからニンジンをしっかり食べないといけないと云うことです。

次、次、いろいろ図面がありますが、少し省略します。

要するに、私達、人間を含めて生物は地球の表面にいまして、C,H,N,O,などを主成分として出来ており、これが気中、空気中と、液中、水中と、固体表面、陸とをグルグルグル循環してるんですから、私達は理想的な環境に適合したものであります。(図98) ですから同じようにC,H,N,Oなどを主成分とする有機物でエレクトロニクスやオプトエレ

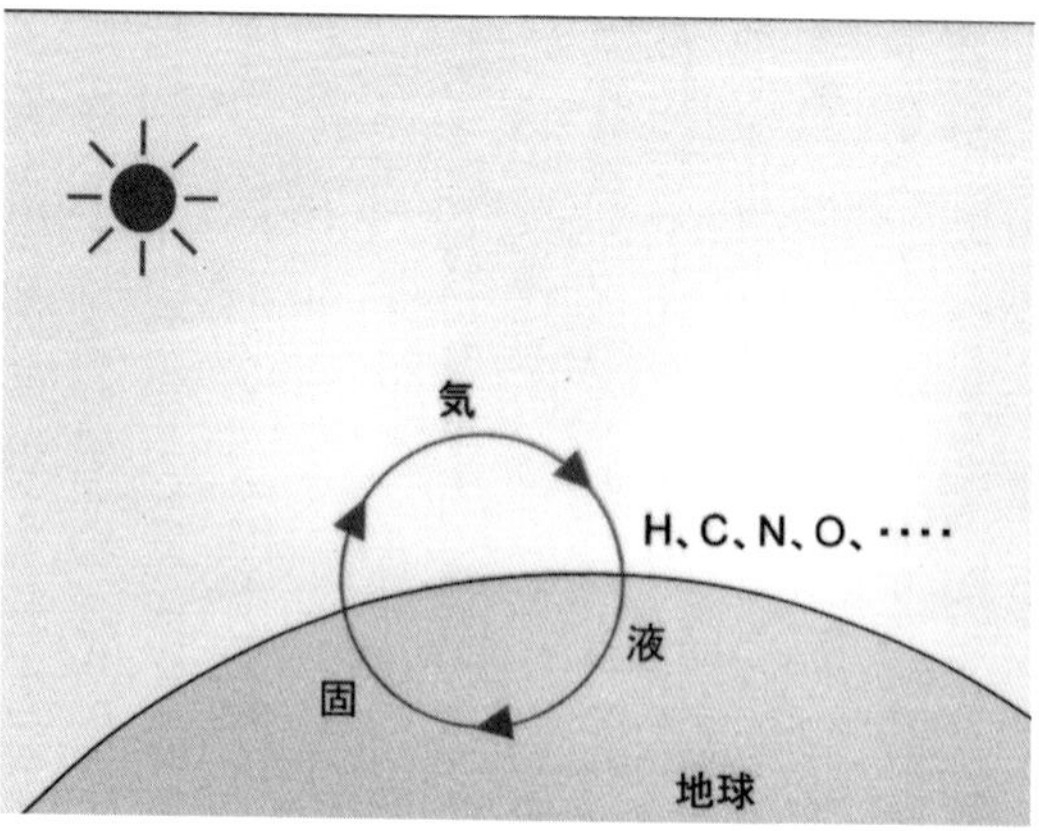

図98

クトロニクスが出来たらいいですな、と云う話しでありますそれから次ぎにですね、私、自然が好きで、身の回りのものでいろいろやりましたので、その例を話します。まず、竹です。

エヂソンは竹を焼いたんですね。京都、八幡の竹、それを焼いてフィラメントとし白熱電灯を作ったわけです。これはよく知られたことですが、考えてみると電気、電子工学の原点とも云えますね。それで今から二十年ほど前、学生さんに手伝って貰って大阪大学吹田キャンパスの竹薮に入って、それをチョン切って、それで竹ひごを作ってそれを焼いたんです。エヂソンの実験をチェックしたわけです。それで面白い結果を得たことがあります。

実は、最近、また遊び心で学生さんに手伝って貰って竹を焼いていますが、ある時、面白い話しがありました。私、家から二時間以上学校に行くのにかかります。大学に来ます途中、JR環状線の天満駅で下りて、地下鉄、阪急に乗り換える時に、天六、長柄あたりで喫茶店か食堂によって時間調整をすることがあります。その一つに薩摩と云う喫茶店があって、そこへ時々寄るんですが、そこで、ある朝、あった話しです。

〝先生、この頃何をやられていますか〟とお客さんに聞かれて、〝竹切って、竹焼いてます〟と答えたことがあります。そこは西別府さんと云う方がやられていますが、そこへそれからしばらくたったある朝に寄った時、居合わせたあるお客さんがまた尋ねられたんですね。〝先生一体何をやられていますか〟。確か、どっかの高校の先生じゃなかったかと思いますが、そうしますとその西別府さんが云われたんですね、〝この先生、かぐや姫を捜しておられるそうです。〟（爆笑）

面白い人がいたものですね。思いもしなかったことを発想されておっしゃったんですね。私、竹を切って焼いていたんですがね。なるほどと思いましてね。次から聞かれたらそう答えようと思っています〝かぐや姫探しています〟って。（笑い）こう云うのは今日が最初ですが。

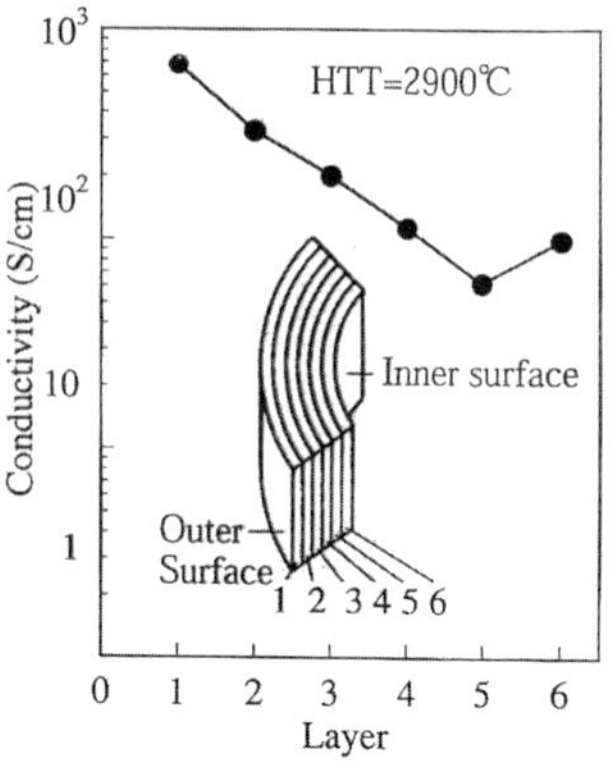

図99

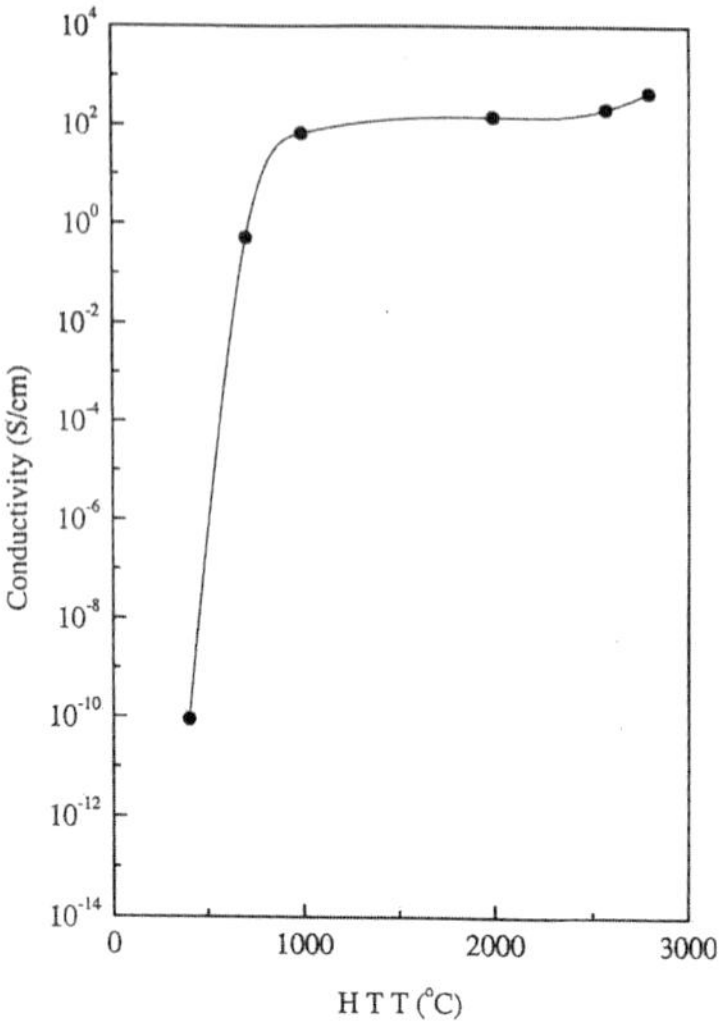

図100

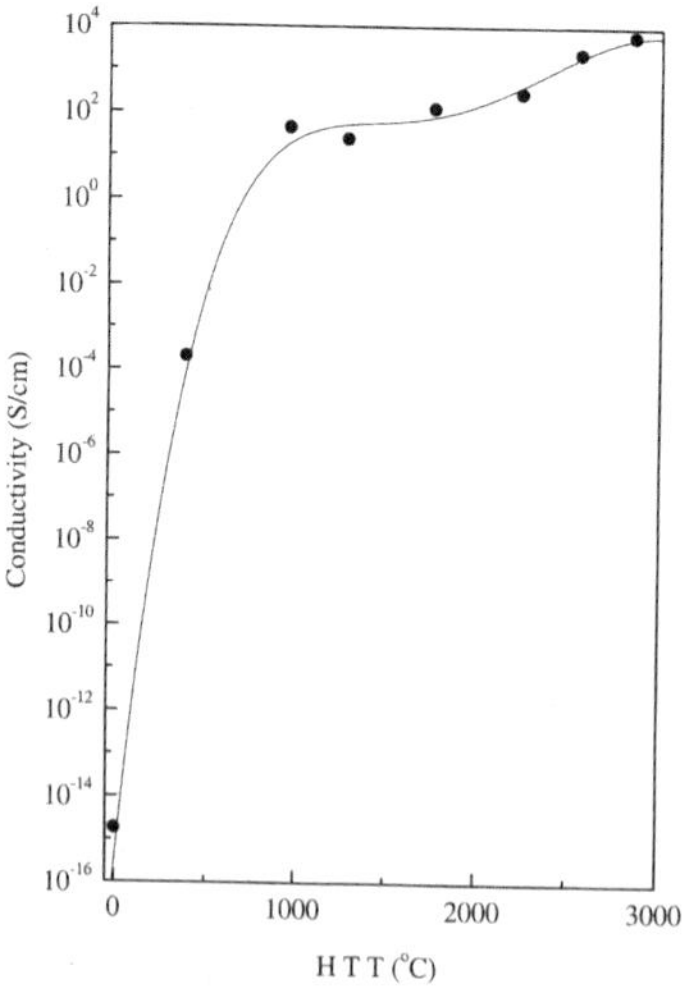

図101

竹は面白くてですね、焼きますと、一番外側が一番良いですね。（図99）しかも、二〇〇〇度少しでグラファイトに近くなります。（図100）

エヂソンが京都の竹を焼いてフィラメントを作ったと云うのは有名な話しなんですが、非常に良いものを作ったわけです。大阪大学の竹も同じなんですね。

これはバクテリアから作ったセルロースを焼いたものの電気の流れやすさ、導電率の焼いた温度に対する依存性です。（図101）味の素中央研究所の山中さんと云う方、さっき話しましたように今は信州大学の教授ですが、この方との共同研究として、そのバクテリアセルロースを貰って焼いたも

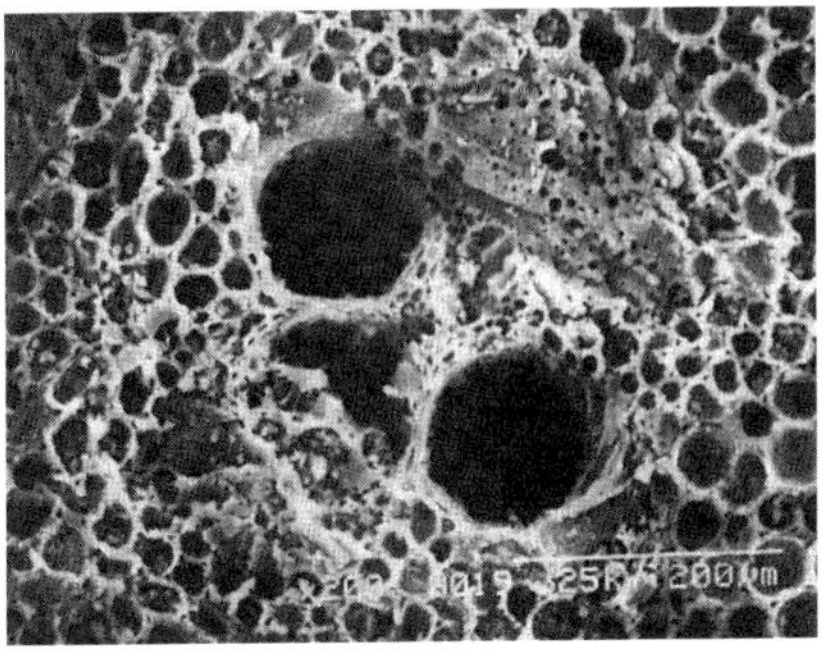

図102(a)

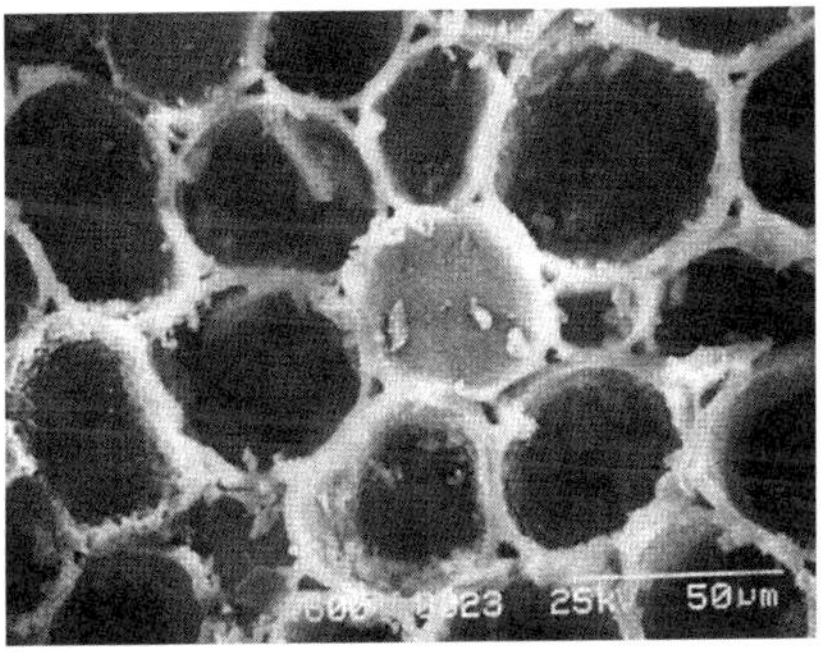

図102(b)

んですが、これも非常に良いグラファイトであることが分かります。

この写真は竹を焼いて作ったカーボン材料の電子顕微鏡写真ですが、面白い構造であります。(図102) 要するに、竹の中はナノ構造になっていますよ、と云うことを示しています。

もう一度ポリアセチレンに戻りますと(図86)、このポリアセチレンは二重結合、単結合、二重結合、単結合が繰り返し長く繋がった構造で、これで面白い材料です。

このポリアセチレンは昔から知られていましたが、粉末でしか得られてなかったんです。東京工業大学で籏野先生らが取り組んでこられていましたが、白川さんに研究が引継がれたわけです。ところが、これがうまい具合に、これも失敗から出たらしいですが、フィルムが出来たわけです。白川さんがフィルム化に成功されたわけです。一九七〇年代。それでその分野の人達の間では一躍有名になられたんですが、私は専門外の電気でしたから、その時は全然知らなかったですね、最初は。化学の人の中では知られていたようです。

その時に白川さんと日本に来られていたMacDiarmidさんが知り合われるきっかけが出来て、その後、白川さんはMacDiarmidさんのおられるペンシルバニア大学に行かれて、そこでHeegerさん等、同じペンシルバニア大学の人たちと一緒に、ポリアセチレンが絶縁体と金属の間で可逆に転移すると云うことを発見されたんです。これはドーピングによる絶縁体—金属転移と呼ばれるんですが、そのメカニズムを研究している間にHeegerさん等がソリトンという概念を持ち込んで説明しました。

私が白川さんと最初に会ったのは、その絶縁体—金属転移発見の直後、ニューヨークでの会議でした。その時、MacDiarmidさんが講演され、白川さんが同時に壇上で実験をやって見せられたんですが、強く印象に残っています。

同じ頃、世界的にも我々を含めていくつかのグループで導電性高分子の研究が行われていて、やがて導電性高分子の応用と云う視点からの取り組みも進みました。我々も様々な応用の提案、実証を行いました。勿論、実用と云うことではポリアセチレンそのものは少し不安定ですので、様々な導電性高分子が新たに作られました。

特に、導電性高分子を使った実用的な物としてコンデンサ、電解コンデンサがあげられます。私と一緒にいろいろやらして貰っていた日本カーリットの伊佐功、山本秀雄さんたちが非常に精力的にやられました。同時期に友人の松下技研の吉村進さんや、もと私の所にいた日本電気、ＮＥＣの佐藤正春さんを始めいくつかのグループで研究開発が進められました。その結果、開発が成功し様々な所で使われはじめ、大きなマーケットを形成するにいたり実用的にも非常に重要になったわけです。こう云うことがあって、世の中で導電性高分子が真に役立つようになって、それもあってポリアセチレンの先駆的な研究を行った白川さん等がノーベル賞を貰われたと云うことです。

白川さんがノーベル賞を貰われた時、

〝白川さん、そんなに良いことやられたんですか、そんな仕事知らなかった〟

と云う方が結構たくさんおられましたね。有名な賞の選定にかかわれていた人でもそんな人が多かったんです。そんな時、私、いつも

〝素晴らしい仕事ですよ〟

と繰り返しました。それで、もう少し古いところから一寸説明しておきましょう。

実は、一九七〇年代から一九八〇年代初頭にかけてこんな導電性高分子等の電気が流れる有機材料の研究、基礎研

■座 談 会■

合成金属にかける夢

出 席 者

山《やま》　邊　時《とき》　雄《お》（京都大学教授・工学部）
白《しら》　川《かわ》　英《ひで》　樹《き》（筑波大学教授・物質工学系）
（司会）吉《よし》　野《の》　勝《かつ》　美《み》（大阪大学助教授・工学部）

図103

究がかなり進みまして、一九八六年に京都で国際会議をやろうと云うことになりました。そう云うことを世の中に少しは宣伝しましょう、と云うことで京都で国際会議をやろうと云うことになりました。と云うよりも、外国から日本でやってくれと強く要請されたと云うのが実際です。

会議には六〇〇〜七〇〇人余りの人に来て貰ったんですが、その会議の少し前に宣伝も含めて、ある雑誌に三人で座談会をやってる記事が、結構長いものですが、載ったんです。これはその座談会の様子の写真です。（図103）化学という雑誌です。

こちらが白川英樹先生で筑波大学の教授、こっちが山邊時雄先生で、当時京都大学の教授、今は長崎総合科学大学の学長さんですが、お二人同い年でして、私より若く見えますが、私より五歳年上です。（爆笑）お二人とも教授になられた直後のところで、私は助教授であります。〝この分野はやがて注目を浴びますよ〟、と云うことで宣伝であります。要するに宣伝のために、皆さんを集めるために企画したものなんですが、実際に今日ここにもいらっしゃる方々の中にもこの会議に出席いただいた方がたくさんいらっしゃいますし、企業さんからもたくさんご寄付を頂きました。ここにおられるところでは関西電力さんにも、住友電気工業さんにも、三菱電機さんにも、松下電器産業さん、住友化学さんにも、その他、今日いらっしゃってはいませんが多くの企業さんからご支援いただきました。ここにたとえば、住友化学の大西さんがいらっしゃいますが、直接お世話になった方々もたくさん来ていただいています。一九八五年から一九八六年頃のことでございます。白川さん、山邊さんが組織委員長で、私が総務幹事、兼実行委員長と云うことで会議を進めました。

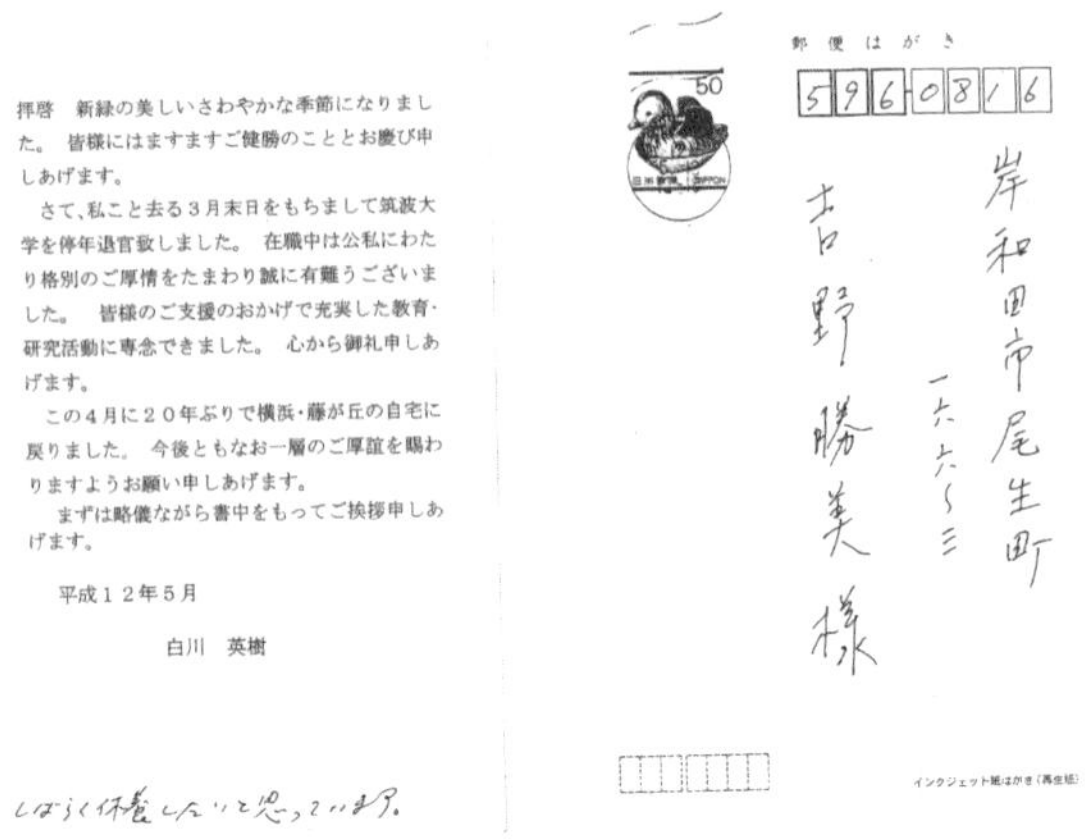
郵便はがき
596-0816
岸和田市尾生町
一六六〜三
吉野勝美様

拝啓　新緑の美しいさわやかな季節になりました。皆様にはますますご健勝のこととお慶び申しあげます。

さて、私こと去る３月末日をもちまして筑波大学を停年退官致しました。在職中は公私にわたり格別のご厚情をたまわり誠に有難うございました。皆様のご支援のおかげで充実した教育・研究活動に専念できました。心から御礼申しあげます。

この４月に２０年ぶりで横浜・藤が丘の自宅に戻りました。今後ともなお一層のご厚誼を賜わりますようお願い申しあげます。

まずは略儀ながら書中をもってご挨拶申しあげます。

平成１２年５月

白川　英樹

しばらく休養したいと思っています。

インクジェット紙はがき（再生紙）

図104

平成十二年白川さんは定年になられたんですね。私、岸和田ですが、ハガキが来ましてですね、〃私、定年になりました。・・・・・・・しばらく休養いたします〃こう書いておられるんですね。(図104)

これはその年の夏、ヨーロッパで国際会議があった時の写真です。京都で開いた会議と同じ〃合成金属の科学と技術に関する国際会議〃です。これ白川さん、左端が奥様です。(図105)

この時に奥様が、〃吉野先生はまだやられますか、うちの主人は退職しましたから国際会議、この会議に出るのもこれからしばらくないかもしれません〃とおっしゃって、それの三ヶ月後にノーベル賞の発表があったんですね。(爆笑)

実はその時、本当にえらい迷惑しましてね。(爆笑)

白川先生は非常にいい方でして、控えめでありますから、ノーベル賞の通知が来てマスコミがワッと来ましたら、家へ閉じこもって鍵を閉められてしまったんですね。誰かに聞かないとニュースにならない、と云うことで、いろいろ探して、結局、私が一番近いと云うことになったらしく、私の所にマスコミがいっぱい来たんですね。(笑い)

図105

私、夜十一時頃家に帰りますと、〃白川先生ノーベル賞決まった。凄く嬉しいけど電話がいっぱいかかってきて大変、新聞社やテレビ局が・・・〃と云っているんです。家内が電話攻勢に閉口してるんですね。夜からずっとかかりっぱなしだと云うんです。〃主人は深夜に帰ってきます〃と云っても、大学の先生がそんなことはないだろうと信用してもらえないようなんですね。

家へ帰って上がりました時にすぐにベルが鳴りますからいろんなマスコミと電話で応対していますと、十二時半ごろＮＨＫから電話がかかってきて、〃先程電話しましたＮＨＫですが今から参ります〃と云うんですね。〃エッ〃と云いましたがどうしようもない。来たのが夜一時過ぎででしょうか。家に上がり込んで、私はそのままインタビュー、主役じゃないのに。翌朝七時のニュースに出ていたらしいんですが、私は見ていません。私、この服、背広を着てですね、家の座敷で対応やっていましたから、後で友人が〃吉野さん、どっか料亭でやったんか〃（爆笑）と云うんですが、私の家であります。

しかも、その時写真を持って行くんですね。どっかの新聞社だったですが、白川さんとさっきお見せした奥さんと三人で写っているのを渡しましたら、そこで白川さんの部分だけを出すのかと思っていたら、白川さんと私とだけで、奥さんをはずしたのを、新聞に出してありましてね、私えらいことしてくれたな、奥さんに悪いことしたな、と思いましたよ。今でも奥様に申し訳なく思っています。

その時、〃ノーベル賞は突然ではないか、何で白川さんと云うダークホースが、誰も予想できなかったじゃないのか〃と、ある日本の有名な賞を出しているところの人、審査しているところの人が大学へ来て云うんです。来た人なんかは、〃我々には全然、意識、リストに入っていなかった〃、と云うんですね。失礼ですよ。それで私云いましたよ。

〃そんなことないですよ、非常に有名でしたよ。私らは予期して、期待していましたよ〃

と云うのは、一九九一年にスウェーデンの北の方ですがルレオという所で、ノーベルシンポジウムと云うのが開かれたんですね。ノーベルシンポジウムと云うのは医学も含めて全分野で一年に四件だけ開かれるんですね、その中で導電性高分子関係のがあったんです。

これだけの人が世界から集まったんです。（図106）こう云うところへ来ると、白川さん偉いですね、私はその時にノーベル賞の候補はまず白川さん、MacDiarmidさん、Heegerさんと思ってたんですが、実際には余り関係のない人たちが前面にいます。私なんかこんな所にいて。（笑い）宮田清蔵先生、山邊時雄先生を含め、皆、結構目立つところにおられますが、前の方にいる人は恐らく貰う候補ではない、とにかくノーベル賞貰う気遣いの少ない人がこんな前にいて、肝腎のはやっぱり控えめです（爆笑）。

これ後で出ますが、MacDiarmidさん。（図107）

これHeegerさん、横にいるのは私の長女、瑞穂。（図108）

図106

図107

図108

次にありますのが、この写真ですが、先日教授室を片付けるため整理していたら資料の間から出てきたものです。何故か、ここに名古屋の野依先生がおられ、私、並んでいます。（図109）

確か、日韓シンポジウムかなにかがあって、野依先生が不斉合成の代表で、私、誰かに云われて、確か、分子研の井口洋夫先生、だったかと思いますが、導電性の代表にされたんですね。〝導電性の分野の出席者が皆若いから、吉野さん、行ってくれ、代表にもなってくれ〟と云われて行ったように思います。

図109

いつもおつき合いしている導電性関係の先生方ですと良く知っていますが、当時、野依先生のことは余り知りませんでした。金浦空港で名刺を交換して、後、会場まで車で一緒だったんですが、何となくいつもと違ってうち解けて話しにくかったですね。（爆笑）

ここでも私だけ何か手に持っていますね。（爆笑）

図110

これ私の研究室の学生さんらが国際会議で撮った写真ですが、これにもMacDiarmidさん写っています。（図110）

白川さんがまた来られて、ノーベル賞の後ですが、また私の部屋で写真を撮ったんですが、白川先生の背広もの凄く立派になりましたね、（爆笑）前の写真と比べると。（図111）前と後ろで大分違っています。こんな冗談を云っても白川さんは笑って聞いてくれます。本当にいい方です。本当はノーベル賞を貰われておりますし、私より五最年長ですから白川先生と云うのが当たり前でしょうが、若いときから白川さんと呼ばせてもらっていますので、今も白川さんと呼ぶことが多いんです。今日もそんなわけで殆ど白川さんと云わせてもらっています。これも笑ってみてもらえると思います。とにかく素晴らしくいい方です。奥さんも本当にいい方ですよ。

図111

これ、この間白川さんから来たメールであります。（図112）出雲で講演することになっていくんだけど、どっかいい所ありますが、と書いておられます。

Hideki Shirakawa, 10:47 04/07/06 +0, 出雲科学館での講演

吉野　勝美　様

Wollongong では奥様や山邊先生と共に美味しい夕食を共にすることができて幸いでした。 残念ながらのどの痛みが取れずにお話しをすることが十分にできませんでした。 帰国後も後遺症が残っていますが、少しずつ快方に向かっています。

その折に話がありました出雲科学館での講演の件、昨年の10月に館長の曽我部國久氏から依頼状を頂き、9月23日（木）秋分の日の午前中に設定されています。

詳細は未定ですが、今のところ9月22日に出発、2泊3日の予定でスケジュールを組んでいます。 島根県や鳥取県には行ったことがありませんので、出雲大社をぜひ訪れたいと思っていますが、その他に見どころがあれば教えて下さい。

末筆ながら奥様に宜しくお伝え下さい。

****

白川　英樹

****

図112

ここで少し導電性高分子の応用の話に移りたいと思います。まず、導電性高分子の性質、特徴などを簡単にまとめたものがこれですが、説明は省略しましょう。

次は、いよいよ導電性高分子は面白いですよ。エレクトロニクスに色々使えますよと云うことです。

導電性高分子はドーピング、脱ドーピングで絶縁体―金属転移を起こして大きく性質が変わるので、いろんな応用

鎖状に共役系が高度に発達した高分子

半導体 / 絶縁体 ⇄ 金属（ドーピング／脱ドーピング）

(a) 半導体、絶縁体
(b) ドーピングが可能である
(c) 絶縁体-金属転移
(d) 金属
(e) その他

図113

の仕方があります。それで随分以前からいつもこのスライドを使って話していました。（図113）

〝半導体としての面から使えますよ、ドーピングが可能であるという面が使えますよ、ドーピングで絶縁体—金属転移するという現象が使えますよ、金属としての利用も出来ますよ、その他いっぱい可能性がありますよ〟と云ってきました。

要するに、導電性高分子の研究のかなり早い段階から、いろんな応用がありますよと、無責任に私が書いて、あちこちで話しまわったものです。（図114）

今日来られている方の中にも、たくさんの方が私の研究室に来て一緒にやっていただきました。その方々もその後導電性高分子の応用開発に大きく寄与されています。

① 導体
② 抵抗（可変抵抗）
③ 電磁遮蔽
④ 熱線遮蔽
⑤ 電子素子（ダイオード、トランジスタ、FETなど）
⑥ コンデンサ
⑦ 太陽電池
⑧ 熱起電力素子
⑨ 光、色スイッチ、ディスプレイ
⑩ サーモクロミズム、ソルバトクロミズム
⑪ 光記録
⑫ 電池
⑬ 燃料電池
⑭ センサ
⑮ 電極・接点材
⑯ 発光素子・レーザー
⑰ 発熱体
⑱ 電界緩和
⑲ フィルタ、分離膜、吸着剤
⑳ 印刷
㉑ 保護膜
㉒ 触媒、光触媒
㉓ ゲル機能素子
㉔ アクチュエータ
㉕ ニューロ機能素子
㉖ その他

図114

この中で有名な応用をいくつか説明いたします。

まず、ドープされた導電性高分子は金属の性質を持っていますから電線の代わりになるだろうと云うことで研究された方もあります。通産省の支援でかなりの予算をつぎ込んで研究された企業さんもありました。基礎的にはともかく、その応用はそう簡単にはいかないだろうと云うのが私の当時の思いでした。むしろ金属導体としては特殊なもの、特殊な使われ方として意味があるだろうと思っていました。

これは（図115(a)）ポリアセチレンの親戚みたいなもので

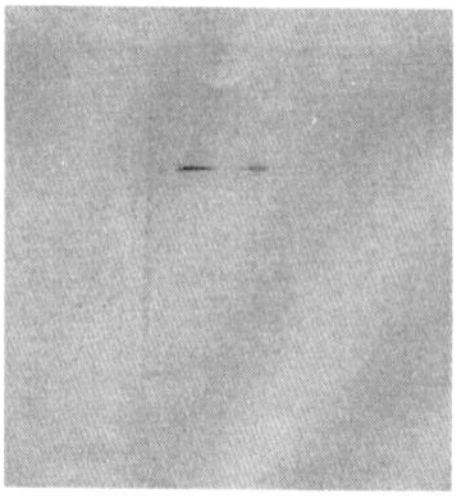

図115(c)

図115(b)

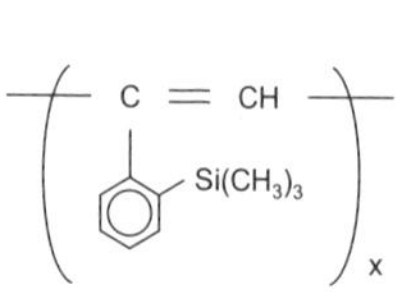

図115(a)

ポリアセチレンの置換体ですが、これはもともと赤色しています。ドーピングすると無色透明になります。（図115(b)(c)）無色の金属が出来ると云うことになります。こんなものも世の中にはあるわけです。

また話題になったものの一つは電池の関係ですね、充放電可能な二次電池。導電性高分子が電池になりますよと云うことです。米国に留学していた私の所の若い助手、金籐敬一君と云うんですが、彼が日本に帰ってきて、向こうで話題になっている内容を宣伝のためもあって書いたんです。最初、もの凄い坂道を導電性高分子の電池を積んだ自動車が上がりますよ、と云う絵を書いて、鉛電池よりも凄いですよ、と云う絵だったんですが、〝一寸大げさだな、もう少し緩くしたんがいいじゃない〟、と云うことで少し坂を緩くした絵になったんですが、それでも本当は当時そんな坂道でものぼるのは大変だったと思います。

これはやはり私の所に国内留学されていた大澤利幸さんと云う人が、私の所からリコーに帰ってから作り上げられた名詞型の電池ですね。（図116）凄いと云うことでモーターが廻っています。実はよくこう云うデモンストレーションにモーターを廻すことがあるんですが、案外モーターの方が楽なんですね。モーターと云うのは一旦廻り出すと、

図116

電源切ってもそのままいつまでも廻るものですからね、止まりませんから。（爆笑）だからデモンストレーションにもってこいなんですね。

これは関西電力さんの電力貯蔵用の鉛電池です。（図117）実際はこんな大きなのを何百個以上も並べるんですが、何しろ鉛ですから、もの凄い重量です。この鉛電池の代わりに遥かに軽量の電池として使える可能性があると云うことで、関西電力さんと住友電工さんに協力して貰って作った導電性高分子を使った電池です。（図118）実用的ではないんですが、一〇〇ボルトで八時間充放電が出来るものです。こんなものまで出来ますよと新聞発表されたものです。

現在、小型のものが市販されていますが、（図119）、この方面はリチウムイオン二次電池の発展へと繋がっていると云ってもいいと思います。

大成功しているのは導電性高分子を使ったコンデンサで年商一千億円を超えています。非常に重要なものです。

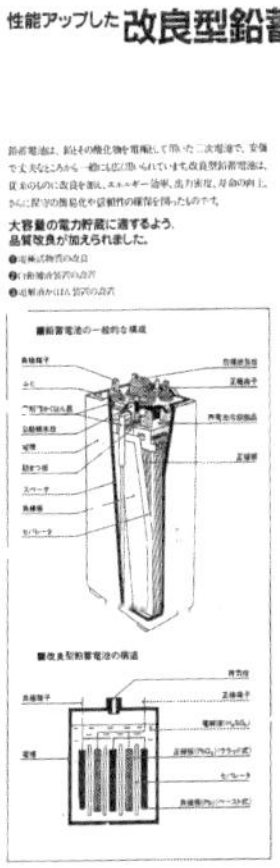

図117

コンデンサの原理と云うのは非常に簡単で、二枚の金属板の間に試料、誘電体、絶縁体を挟

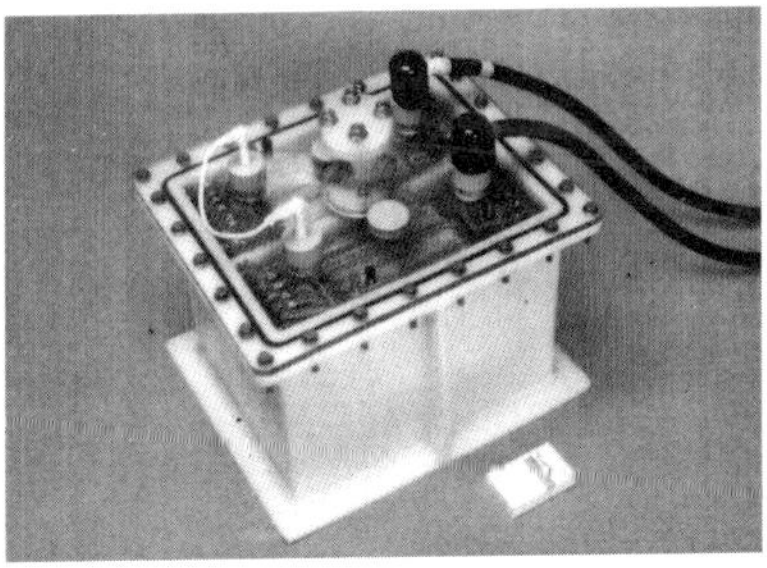
図118

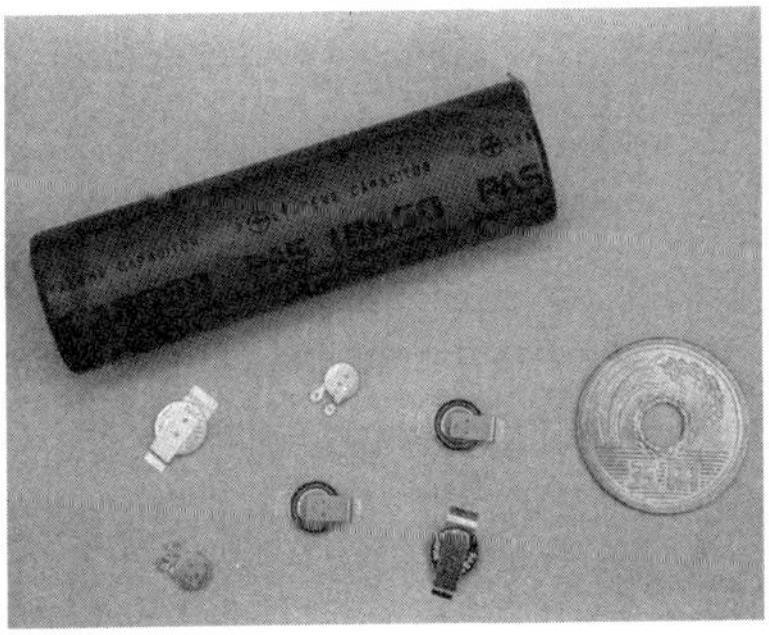
図119　カネボウで開発された二次電池

みまして、それだけです。(図120) その時の容量、キャパシタンスと云いますが、この容量Cと云うのは次の式で与えられます。

$$C = \varepsilon S/d$$

ここでεは誘電体の誘電率と云うもので、誘電体が決まれば決まってしまいます。すると容量を大きくするには電極間距離dを小さくして電極の面積Sを大きくしたらいいと云うことになります。

面積を大きくするため電極を、普通はアルミニウムAlですが、そのアルミニウムの表面を凸凹にします。穴だらけにするわけです。絶縁物はこのAlを酸化したものを使いますからAl_2O_3,酸化アルミニウムです。この穴の中に向かい合う対向電極を入れなければなりません。普通の金属を入れるのは難しいです。それで液体、電気の流れるイオン性の液体である電解質溶液を入れます。(図121(a)) 即ち、普通、液体の電極にしますが、一般に、電解質溶液の抵抗は高くて余り特性、特に周波数特性が良くないんです。そこで、その液体電解質の代わりに導電性高分子、金属状態の導電性高分子を入れようと云うことです。(図121(b))

これをいくつかの会社でやられていますが、一番最初にやられたのは日本カーリットの伊佐さん、山本さん、それから日電の佐藤さん、この方もしばらく私の所におられた方です、それから松下の吉村さん、親友ですが、これらの方々はそれぞれの会社で特徴的なやり方でやられていますが、さらにいくつかの会社でやられました。これらが大成功でして、年商一千億円を超えるところまでいっています。

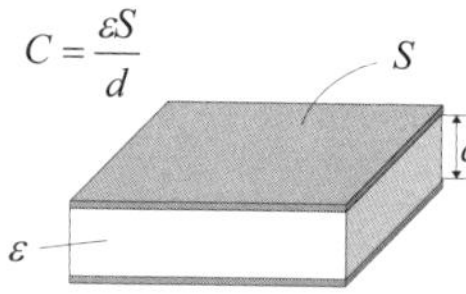

図120

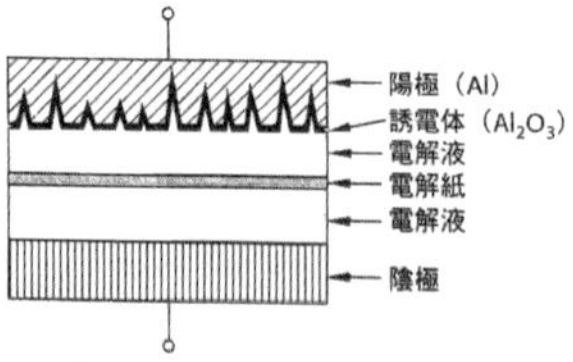

図121(a)

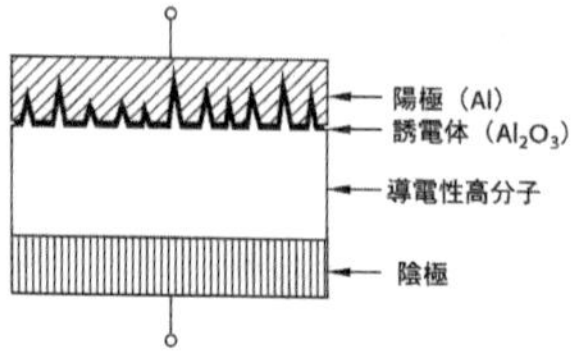

図121(b)

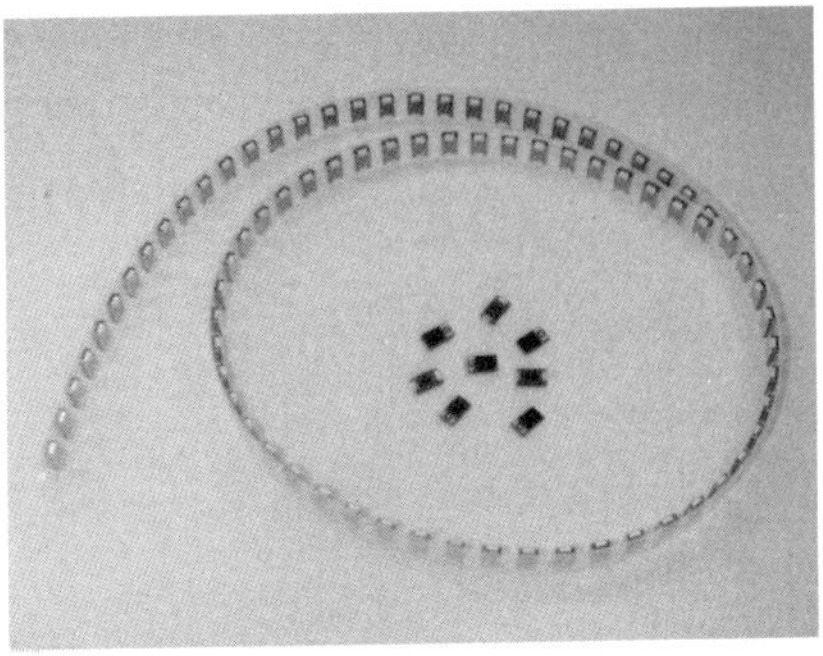
図122

図123

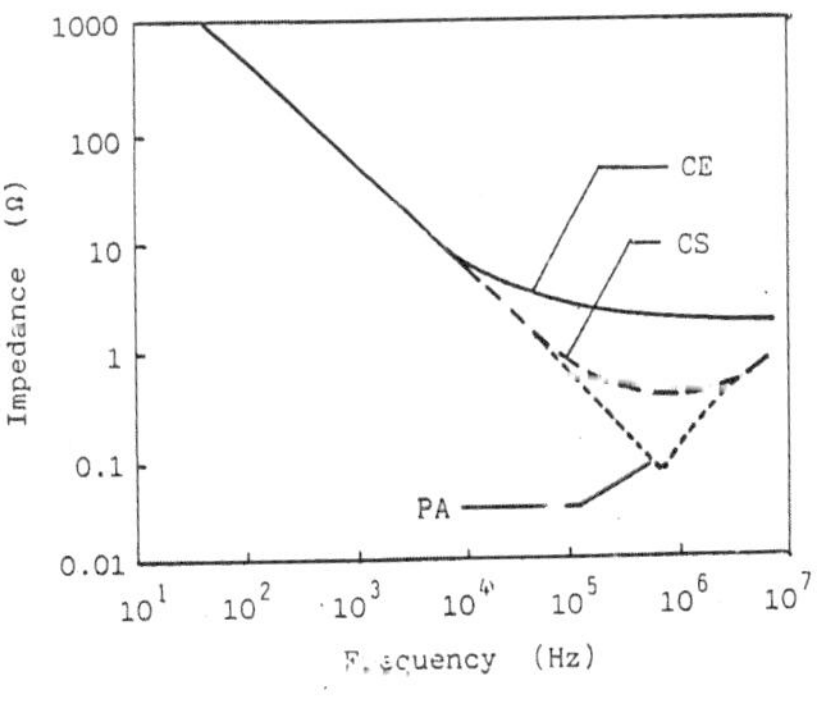

図124

最初の日本カーリットさんが作られたのはこれで、(図122) これがさらにどんどん進歩して各社さんでいろんなものが作られるようになってきて、年商1千億円を超えるようになってきているわけです。(図123) 小型で容量が大きくしかも従来のものに比べて格段に周波数特性がよくなりました。即ち、高い周波数まで使用可能となったわけです。(図124) アルミニウムではなくタンタルを用いたタンタルコンデンサなど様々なものが開発されました。

次はある時、私が云いだした内容です。これは文部省へ研究費を申請するために家で一所懸命考えていて、ふと思いついたものです。導電性高分子の別の応用で、一九八二、三年頃のことです。

導電性高分子にドーピングする、すると絶縁体―金属転移する。そうすると金属は反射で色が決まるし、絶縁体、半導体は吸収で色が決まるのだから、必ず色が変わる筈だ、と考えました。原稿を書いて翌日、当時、助手をしてい

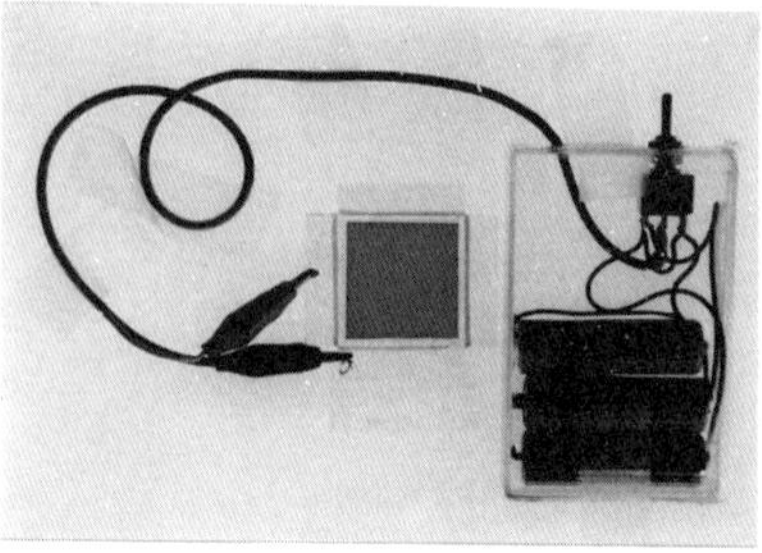

図125(a)

図125(b)　表紙裏カバー、カラー写真Ｉ参照

た金藤君に清書して貰いました。私、字が下手ですから、字が上手な彼に清書して貰ったわけです。
　彼が〝これ面白そうですね、原理もう少し詳しく説明して下さい〟と云いましたので、詳細な説明をしますと、喜んで綺麗に仕上げてくれました。これは確実に予算が貰えるなと思っていたんですが、実は落ちたんです。
　ですが、素子はその日のうちにできあがったんですね。その当時のものがこれです。(図125)
　このように色が変わります。こんなになります。絶縁体状態が赤、金属状態が青になります。しかも、これ結構高速であります。
　残念ながら予算は貰えなくて、そんなことをどっかの講演で話したら文部省の人が嫌そうな顔をしていました。ですが、この関係も含めて、その後、応用物理学会賞、大阪科学賞などいろいろ頂きました。
　応用物理学会賞には賞金は一銭もついていませんでしたが、関連することで貰った大阪科学賞は三〇〇万円ついていまして、これは新聞やテレビに出ましたため、皆に知られるところとなって、寄ってたかって一部は飲まれてしまったように思います。そう云う喜びと云うか、残念と云うか、思い出があります。(爆笑)
　これは有機EL、有機物に電圧をかけると光ると云う現象で、時間がないので詳しくは述べませんが、本当に単純に電圧をかけるだけで光ります。(図126)
　私自身は一九七四年頃から高分子に電圧をかけてELを光らせると云う関連する研究をやっていましたが、しかし導

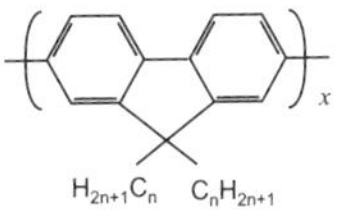

PDAF

図127

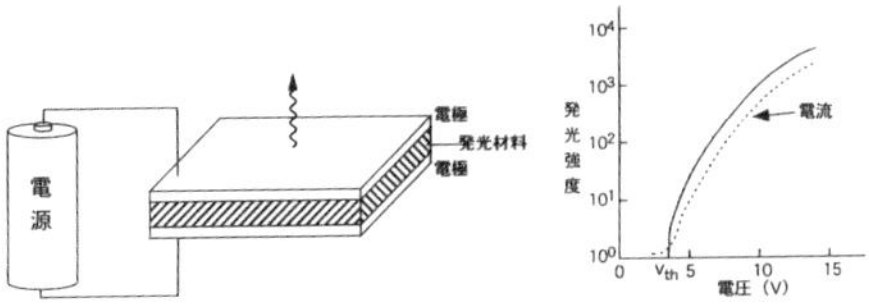

図126

図128　セイコーエプソンの有機ELディスプレイ

電性高分子で光らすと云うことはやってませんでした。導電性高分子をたくさん持ちながら、完全に高分子に電圧をかけて光らすと云う実験を昔していたと云う事を失念してたんですね。実際にこれに気が付いて導電性高分子でやったのは英国のケンブリッジ大学の人たちですね。一九九〇年頃のことです。このニュースが入ってきてすぐに自分で持っているのでやったら皆光りましたね。

この時、私自身もそこそこオリジナルな事をこれに関してもやって発表しました。

一つは導電性高分子に側鎖を付けると素子作製上大きなメリットがある上、発光特性が大きく改善されると云うことを見出しました。もう一つはポリアルキルフルオレンです。この分子構造は図（図127）のようになっていますが、これは世界で最初に私達が作った材料で、しかもこれで青色ELが実現できることを見出したんです。即ち、これに電圧をかけると青く、ブルーに光るんです。青色発光の有機ELとしてはこれが世界で最初でした。

実用レベルに近いものは最初セイコーエプソンさんが発表され、非常に有名になりました。（図128）それの基本となっている材料がさっき云ったポリアルキルフルオレンと云う私が最初に作ったものをベースにしたものです。これを修飾してもっとよくしたものです。

そのセイコーエプソンの研究所長の下田達也さんがある所で講演されるのを聞いたんです。〝吉野先生はいい人です。良いもの作ってやられたけど、特許とっておられない、お陰で私達は自由に使える〟とおっしゃってまして、私は誉められたんですかね、どうですかね？

（爆笑）

そう云うことでセイコーエプソンさんは活発にやられています。それでもっと良い新しいディスプレイの図ありませんかと云ったら、別のをさらに送ってこられたんですが、見るとセイコーエプソンと大きく書いてあるので滅多には使っていません。（図129）たまには使わせて貰っていますが。（爆笑）

図129　セイコーエプソンの
有機ELディスプレイ

次の応用の話に移ります。

これは導電性高分子とフラーレンC_{60}の複合体の太陽電池への応用に関するものです。これもある理由で導電性高分子とC_{60}の組み合わせが、複合体が非常に面白いことを発見しました。（図130）光照射により電荷移動、charge transferが起こることを見つけだしました。これは一九九一年から一九九二年の頃のことです。これがこのような効果を発見した恐らく世界で一番最初のものだと思います。ちょうどその頃私のところに後からまた名前を出すかもしれませんが、ザキドフ(A. A. Zakhidov)さんと云う人が来ていて、彼にも一緒にやってもらったものです。

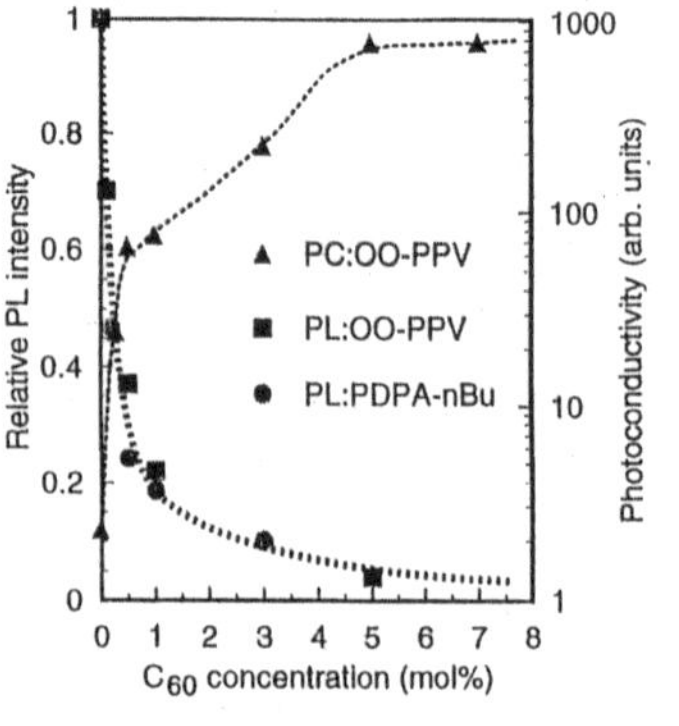

図130

次、次、次、いろいろありますが、具体的な詳細については少し省略します。

即ち、これで新しいタイプの即ちドナー・アクセプタ型の太陽電池が出来ると云う提案をしたわけです。（図131）

有機物を使った太陽電池として今有名なものが二つあって、この手のものが先行したのですが、その後、Grätzelグ

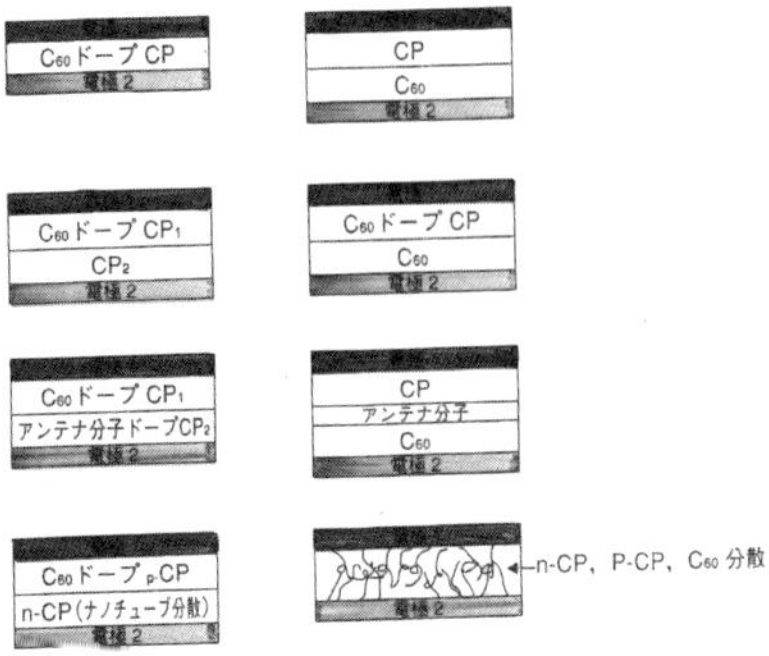

図131

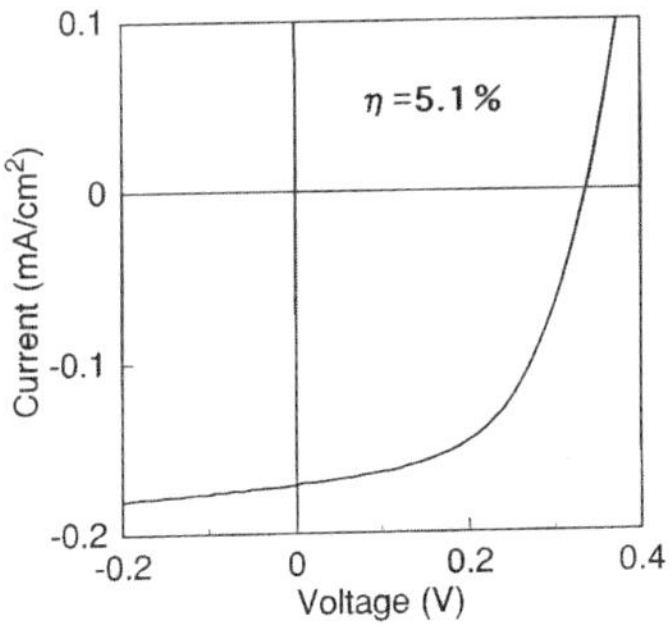

図132

レッチェル型と云う酸化チタンと色素を使うタイプのものの研究が盛んになりました。日本では今日の前におられる柳田先生などあちこちで一所懸命やられています。このグレッチェル型の研究がもの凄く盛んになっています。ドナー・アクセプタ型のものが古いんですが、効率については今のところ酸化チタン型が少し高いようです。私自身はこの我々が提案したものも非常に面白いと思っています。日本人の中にはオーストリアのサリチフチさんがやっていると思われているかたもあるようですが、サリチフチさん本人も知っているように我々と彼らはほぼ同時に研究をスタートしていますが、我々の方が数ヶ月早かったのです。

この図（図132）はこのドナー・アクセプター型太陽電子の出力特性の例ですが、容易に数パーセントの効率は得られることが分ります。効率上昇のための様々なアイデア、メカニズムなどについても話したいのですが、時間がないので全て省略します。

導電性高分子を用いたレーザーについても少しだけ話します。ガラスファイバーを導電性高分子の溶かしてある溶液の中に、ジャボッと漬けて引き上げますと、このファイバーの周りにリング状に導電性高分子が付きます。このリングの所に光を照射して励起すると、このリングの所にこんな

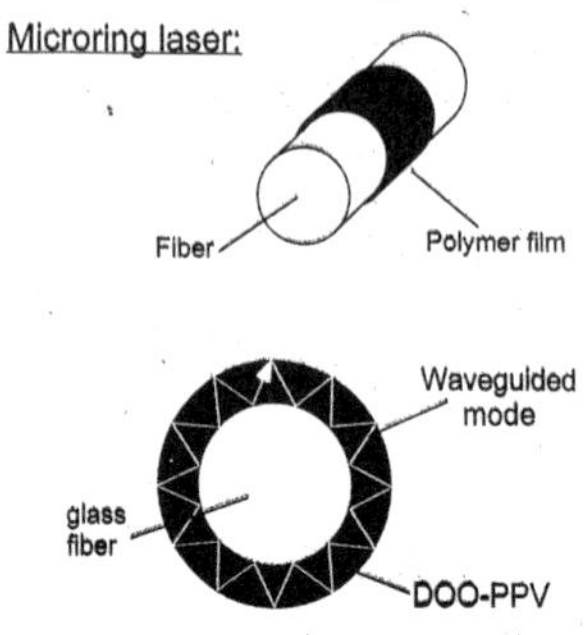

図133

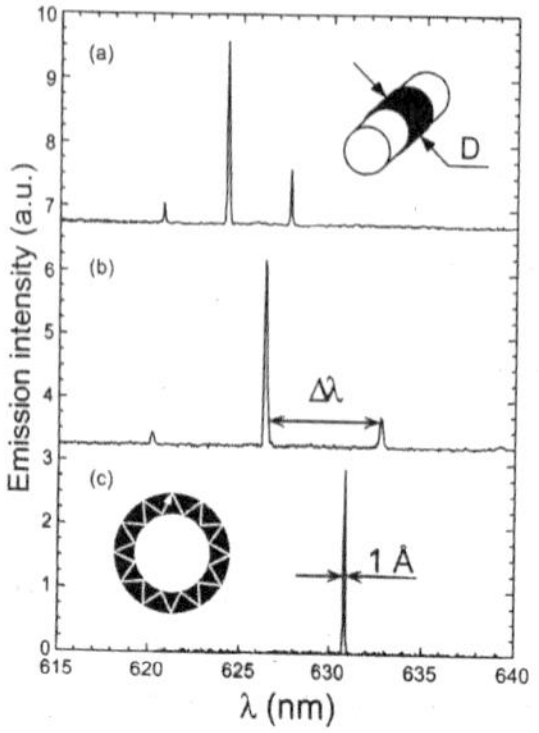

図134

キャビティを作ってレーザー発振すると云うわけです。（図133）非常にしきい値が低く、径をどんどん小さくするとシングルモードのレーザー発振となります。（図134）

その他いろんな事をやりましたが時間が無いので省略します。

次は私がやったことではなく、アメリカでやられた非常に悪い例を述べます。

あるとき、二〇〇〇年頃からですが、Nature, Scienceと云う非常に有名な科学雑誌に頻繁にすごい内容が載るようになりました。そのひとつですが、Natureにアメリカのある研究所のグループが発表したもので、どんなものでも、即ち、絶縁体でも半導体でも、電界効果トランジスタ、FET構造を作って電圧をかけると超伝導になると云うんですね。

Nature, Scienceに次々と毎月出るわけです。これ見たとき、私はもともと電気絶縁屋でもありますから、これは極めて難しいと思いました。それは絶縁体に、凄い高い電界がかかっていることになっているからです。普通の物であれば、そのぐらいの電界では絶縁破壊が起きて電気的に破壊されてしまいます。絶縁破壊が起こってしまうくらいの高い電界ですから、ここの絶縁層がキーになるな、これがこんなにうまくできるのかな、と云うのが正直な気持ちだったですね。一寸信じ難かったわけです。

結果的には、私が当時扱っていたような材料も全部超伝導になると云う発表がなされていたんですが、結局、誰もこれを再現できなくて、どうやら全部インチキではなかったかと云うことになったんですね。

しかもそう云うものを使って、FETの二重構造のようなものを作って綺麗な有機レーザーも出来たと云うんですが、これも全部インチキという評価になりました。

結局、余り一所懸命成果を焦ると、たまにインチキがなされることがあると云うことで、要注意なんですね。人のものも気を付けて見ないといけないと云うことです。

後、どっかで使った資料が色々ありますが、これらは省略して少し話題を移してフォトニック結晶の話しをやりたいと思います。

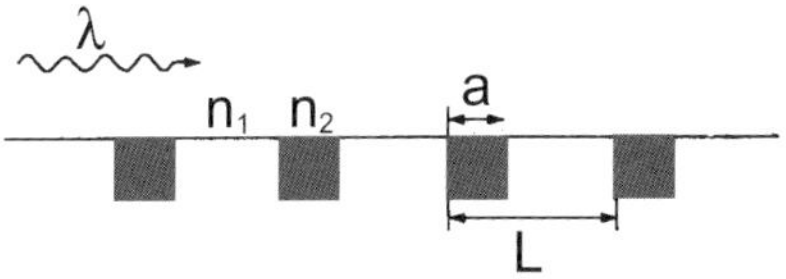

図135

先程、エレクトロニクスは電子をコントロールすること、オプトエレクトロニクスは光、即ち、フォトンをコントロールすることと云いました。フォトニック結晶と云うのはフォトンをコントロールする新しい概念でして、光の波長程度の長さで繰り返す周期構造を持った物質であります。光学的に周期構造をしていると云うことは、例えば、光の屈折率がn_1, n_2と異なった値をもったものが、ある周期で規則的に繰り返した構造となっているようなものです。(図135)この周期と光の波長が同じ程度の時にはブラッグ反射を起こしますね。光が反射する。光はもと来た方向にはね返って進もうとすると、また反射して逆方向に行こうとする。すると、あらゆる方向に反射すると光は進めませんね。あらゆる方向に進めない。あらゆる方向に進めない光と云うのは光じゃない、存在できないと云うことですから、光が止まっている、局在すると云うことであります。フォトニック結晶はそう云う材料のことです。材料でありかつデバイスであります。

光の波長程度の周期構造では、あるエネルギー範囲の光の存在が不可能と云うことです。

これは一九八七年にSajeev JohnとE. Yablanovitchが同時に発表しました。それは、先程、半導体のバンドギャップと云うのを話しましたが、それと同じように光に対するギャップが出来る、ある波長範囲の光の存在できないフォトニックバンドギャップが出来ると云う考え方です。(図136)

これにデフェクト、欠陥を持ち込むと、局在状態が出来るんだと云うことです。光を欠陥の所に局在させることができます。(図137(a)) 欠陥を繋ぐと、これ数千オングストロームくらいの寸法ですが、光はこの欠陥に沿って進まざるを得ない。きちっと並んだ所は光が存在することが禁止されているので光が入れないですから。(図137(b))

うちの学生さんが理論計算しても、周期構造に欠陥を作るときちっと局在状態が出来ることが分ります。欠陥が連なっている所では進む方向もコントロールできると云うことを理論的に示すことが出来ます。

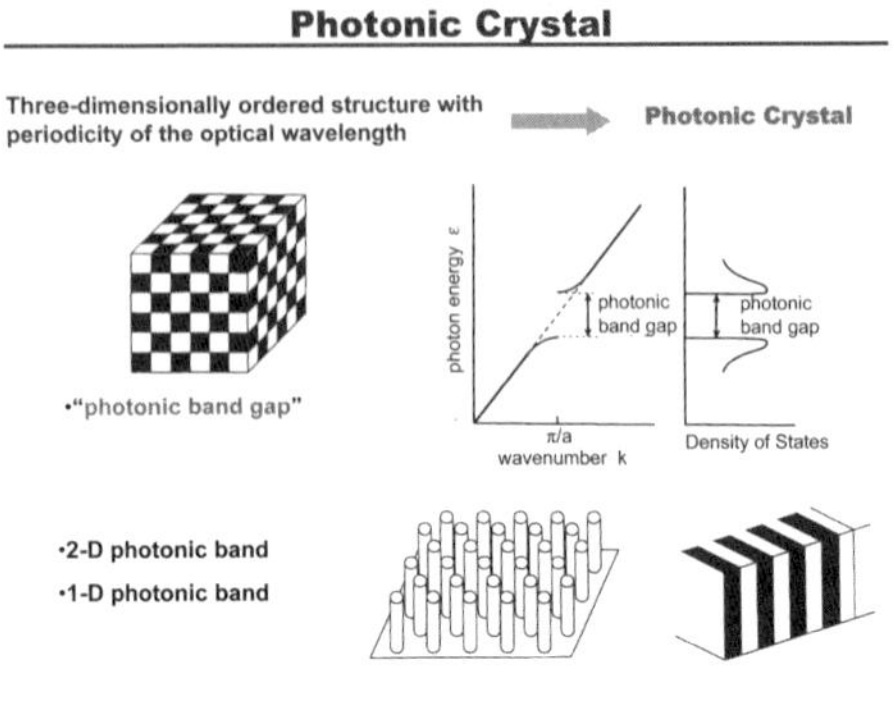

図136

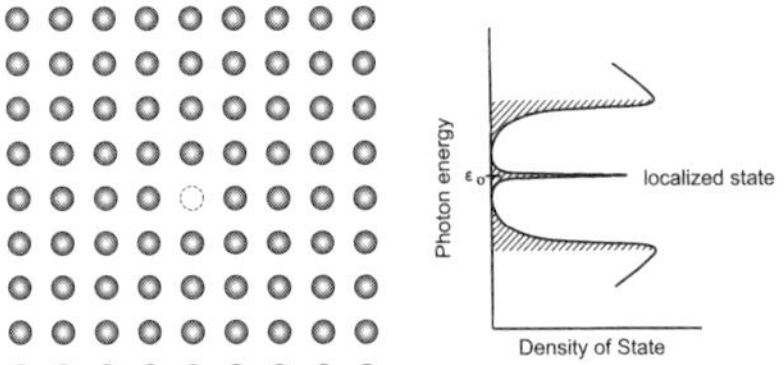

図137(a)

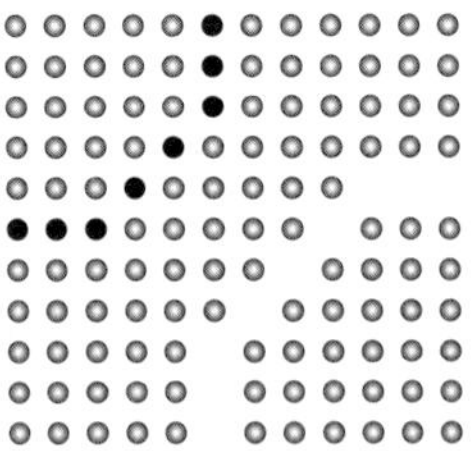

図137(b)

これもいろんな光のスイッチが出来ると云う例です。（図138）具体的なことは省略します。

これはいろんな応用があると云うことを示すものですが、これも省略しましょう。（図139）

要するに二十一世紀ではフォトニック結晶が極めて重要になるだろうと云うことです。ですが、こう云うものも電子工学にいますと、やっぱり少しはやっておく必要があると云うことで少し仕事を始めたわけです。

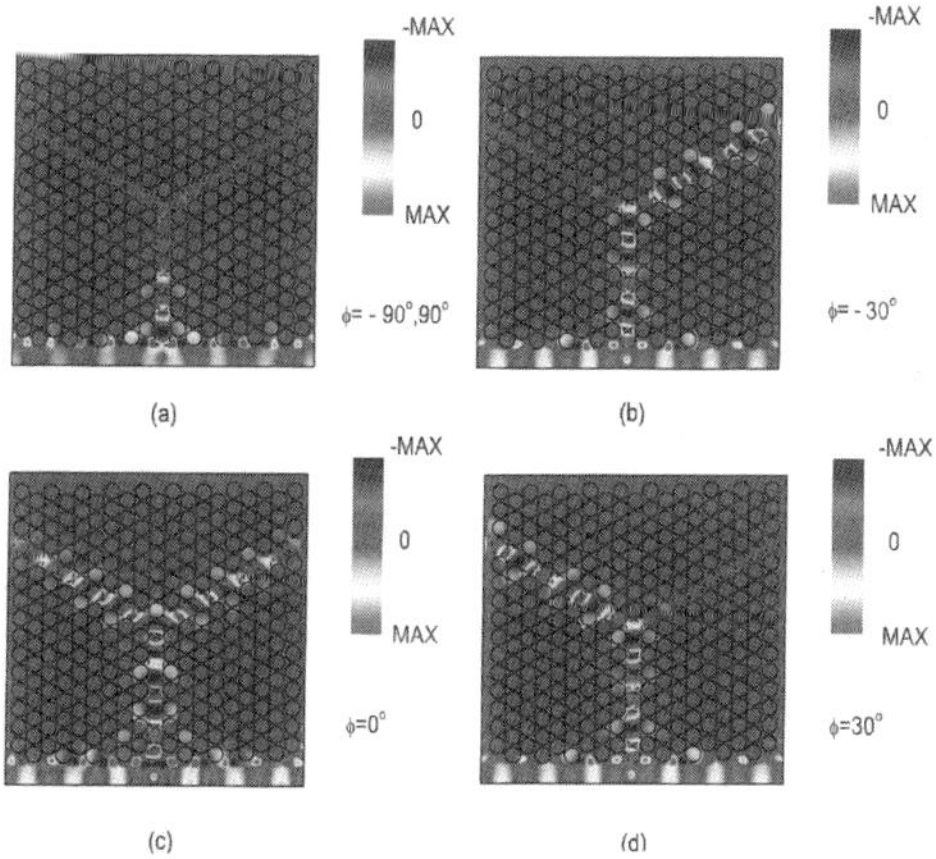

図138

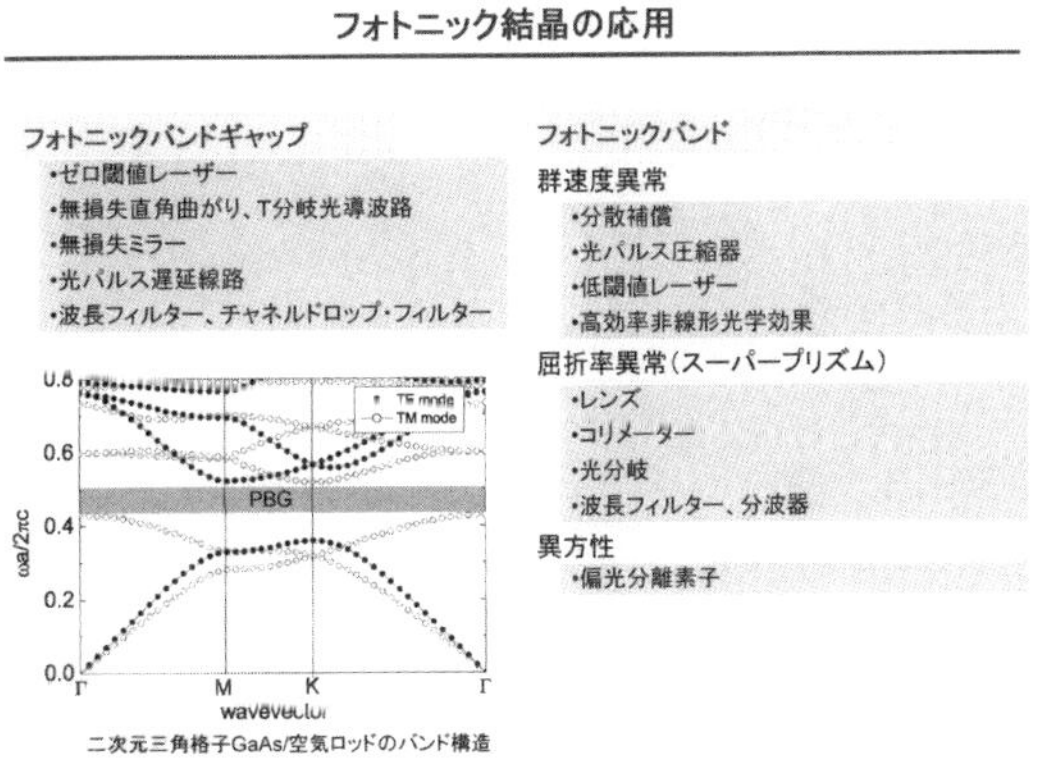

図139

まず、このような周期構造を一体どうして作るかと云うことです。その時、半導体デバイスを作る時のような高度な装置を使ってやるのが正統的な手法かもしれませんが、このような金のかかるものは私には出来ませんから、それじゃ、自然に学ぶ方法と云うことになります。

大抵、自然界にあるこのフォトニック結晶に関連のあるものは綺麗なもの、美しいものなんですね。まず、宝石がありますね、綺麗なものとして。オパールはまさにそれなんです。このオパールと云うのは光の波長程度の周期構造であります。シリカSi02からなる周期構造です。これは秘書の金子さんに借りたものです。(図140) 貰ったものだったかな。

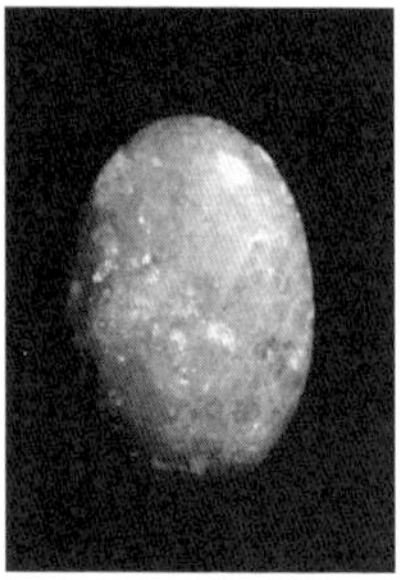

図140
表紙裏カバー、
カラー写真Ⅱ参照

これは鮑の貝殻の内側です。(図141) この貝殻の内面の反射スペクトルを見ると、非常に綺麗な光の反射ピークが見えます。これは規則構造だからです。これは電子顕微鏡写真で二〇〇~三〇〇ナノメートル（nm）の周期構造であることが分かります。(図142)

図141
表紙裏カバー、
カラー写真Ⅲ参照

図142

次のこれは蝶の羽根の写真でありまして、大阪大学の関連で社団法人生産技術振興協会と云うのがありますが、その事務室にこれが綺麗に並んだものが入れられた額が飾ってあります。(図143) そこに東口昌子さんと云う方がおら

図143

れて、〝すみません、一寸端っこ、日立たないようにほんの少し頂きたいんですけど、どうでしょうか、調べてみたいんですので〟と云いますと、〝いいですよ、所長さんいい方ですから大丈夫です〟とおっしゃって、それで貰って来たものなんです。四、五年前のことでしたけど。それを調べてみますと綺麗な周期構造をしていました。これも電子顕微鏡観察や光の反射測定から分ります。(図144）これも今と同じ原理でして、非常に綺麗な周期構造をしています。

次のこれは何かと云うと、私の田舎では〝アブラムシ〟、大阪では〝カナブン〟と呼ばれる虫です。(図145）私の義父、家内の父のお通夜の晩に、神妙な顔をして座っていますと、突然これが飛んできて張ってある白い幕にポンとぶつかって落ちたんですね。真夏でしたので暑いので戸が開けてあったんです。それを私パッと拾ってポケットに入れたんですよ。目ざとい人がいましてね。〝吉野さん何したんですか〟、〝いや、これが飛んできて、一寸綺麗なんで、何で綺麗か見てみようと思って〟、と云いますと、その方が、〝それよりもっと綺麗なのがいますよ。それ持って来てあげますよ。本当はそれ吉野さんの家の塀の所で見つけてとったもんだから、もともと吉野さんのところのものだし、それにもう死んじゃったし、返しますよ〟とおっしゃたんですね。

(爆笑)

すぐに子供さんが家に帰って持ってきてくれたんです。これがそうですが、これは本当に綺麗ですね。(図146）これも、背中も、お腹の所もみんな綺麗ですが、一度お腹の中はど

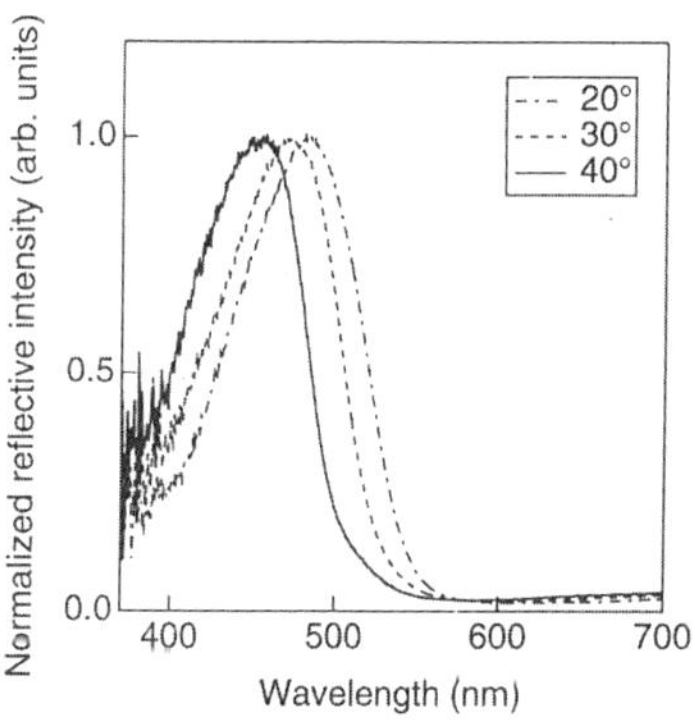

図144

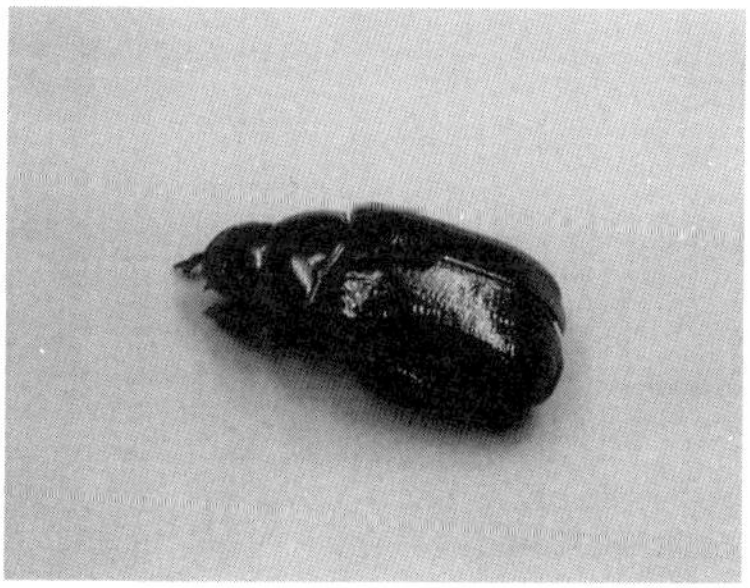

図145

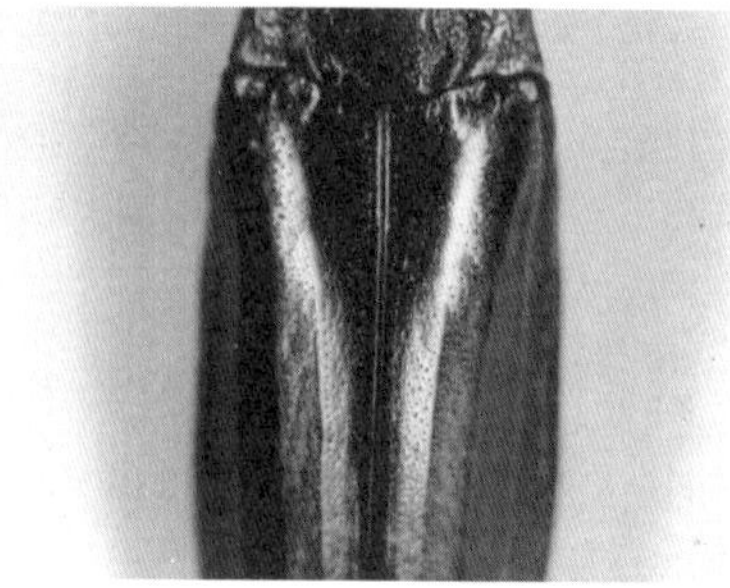

図146 表紙裏カバー、カラー写真Ⅳ参照

図148 表紙裏カバー、カラー写真Ⅴ参照

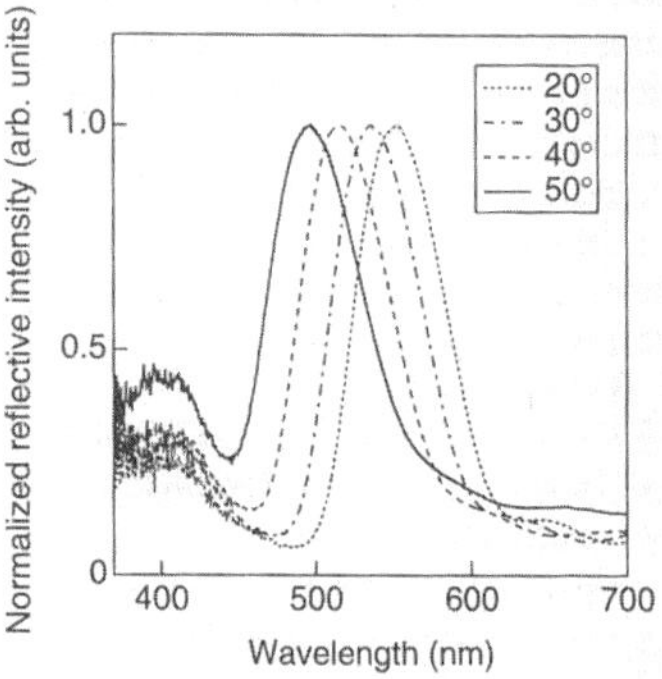

図147

うか見ようと思ってますが、まだ開けておりません。(笑い)

　これは一体何かと云うと、これが玉虫なんですね。法隆寺の玉虫厨子の玉虫ですね。千数百年前、作った当時の玉虫厨子は随分綺麗だった筈です。きれいな周期構造で光の反射スペクトルを見るとそのことがよく分ります。(図147)

　これは孔雀の羽です。(図148)(表紙裏カバー、カラー写真参照) 実は、学校まで家から2時間以上かかりますので、学校へ行きます途中で一寸休憩することがあるんです。さっきも云いましたが、電車が余んまり混んでいるととてもたまりませんので、ラッシュの少し前になるように六時頃に家を出ます。そのまま学校へ来ますと八時過ぎになりますが、丁度その頃はまた阪急電車が関大や高校などへの通学の学生で混みますので、途中JR天満駅で降りてから地下鉄あるいは阪急に乗る途中で一寸喫茶店などに入って休憩と仕事をすることがあります。それに、八時過ぎに一番最初に教授が研究室に着いていたら、助教授、助手、学生さんたち大変なんですね、たまったもんじゃない筈です。そのためにも一寸時間調整しないといけないですね。

喫茶店でお茶を飲んで、モーニングのパンを食べたり、読み物、書き物なんかをするんです。その中の一つに天六、長柄の近くに薩摩と云う喫茶店があります。そこへ立ち寄ったとき、綺麗なこれがあったんですね。その時、これはやはり構造からくる美しさだと直感しまして、頼みました。

〝これ一つ下さいませんか〟と云うと、

〝はい、どうぞ、いくらでも〟

〝有り難い、これは面白いです〟と云いますと、

〝何をするんですか〟と聞かれましたけど、

〝一寸綺麗なんで見てみたいと思いまして〟

とお茶を濁して貰ってきたんですね。

これを調べますと非常に綺麗な構造をしているんですね。部分部分で反射スペクトルをとってみると、反射スペクトルが色の異なる所で見事に異なっているんですね。(図149) 孔雀の羽根は色素で色が付いているのかと思ってたんですが、そうじゃなくて、周期構造に美しい色が由来してたんですね。部分部分で周期が異なっているため色が異なるし、角度が変化すると色が変わるわけです。

これは何かの時にしゃべれるなと思ったんです。ところが、この羽根の中央の骨みたいに支えるところが白いんですね。まるでプラスチックの棒みたいなんです。これプラスチックみたいだな。うっかりどっかでしゃべったら大変だな、確認しておかないと、と思って電話したんです。

〝さっき、頂いた孔雀の羽根、本物ですか〟

怒られると思ったんですがね、失礼な云い方ですから。(笑い)怒らずに云われました。ここの西別府さん気風がよ

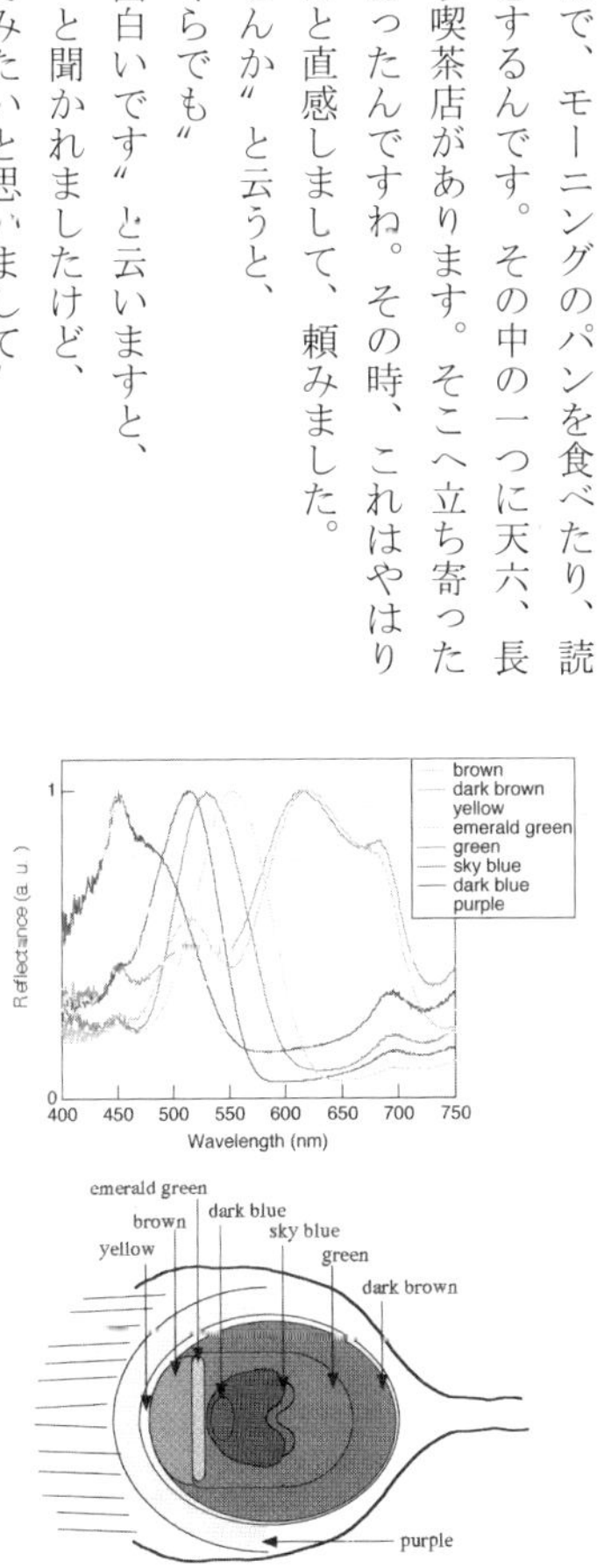

図149

くていい方なんですね。

〃私も頂いたものでよく分かりませんが、本物じゃないでしょうか〃

誰か、榎倉さんとか云う方に貰われたもののようでした。

このことをどなたかと話しをして、〃燃やしてみたら、本物だったら特有の臭いがするんじゃないですかね〃と云うことになったんです。ライターで燃やしてみると、やっぱり少し生臭いような臭いがしました。

それで、もっときちっと確かめるために白い軸を電子顕微鏡で見たんですね。電子顕微鏡で見ると、こんな穴があいているんですね。（図150）規則正しくハニカム構造になっているんです。どこの部分を見ても、細い所を見ても全部規則的な穴があいているんです。もっと拡大すると、こうなっています。ハニカム構造ですね。（図151）

要するに、考えてみると当たり前です。大きな孔雀が羽ばたいたり出来るのは羽根が軽いからなんですね。ですから蜂の巣のようなハニカム構造となってるんです。これですと随分軽くなるし、充分強度もあると云うことになります。これを見て、こんなものがプラスチックで安く作れるわけはなく、これは本物だと思いました。

こう云うものは全部周期構造、ナノ構造です。逆にナノと云うのが自然から学べると云うことです。それで、〃自然界のナノに学ぶべきだ〃と盛んにしゃべったんですね。すると、

〃それでも不安定でしょう、自然のものは〃、と云われるんです。

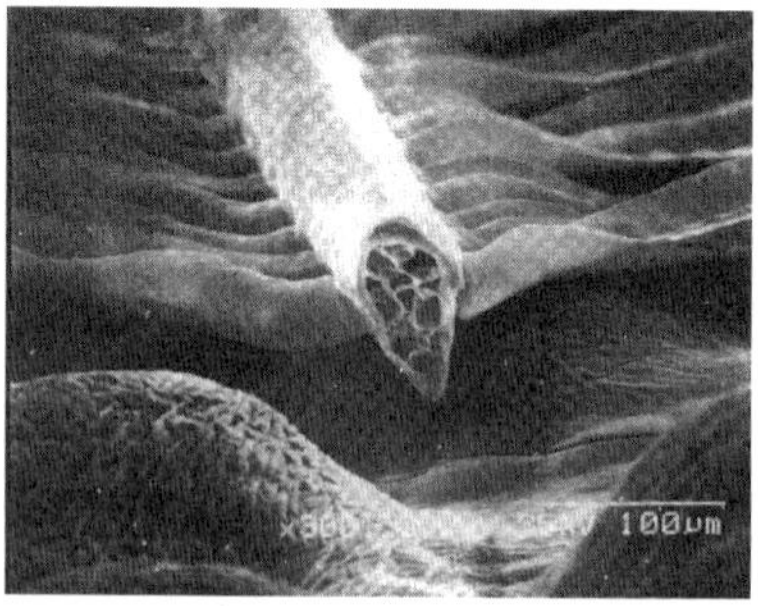

図150

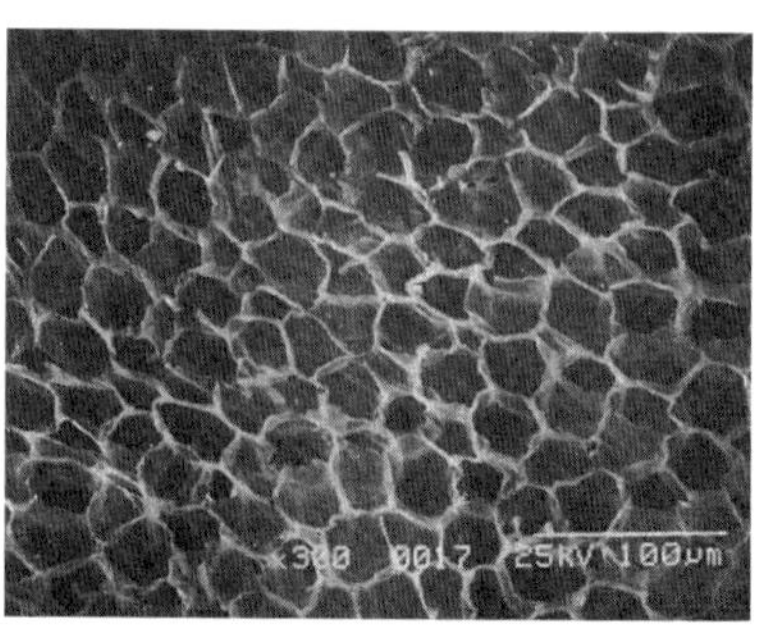

図151

所が、実は、これは五、六年前にイギリスで国際会議があった時に手に入れたものです。液晶の国際会議があって、その時に一寸講演を抜け出して街を歩いたんですね。宝石屋でこれを売っていたので、買ったんです。これアンモナイトです。（図152）

アンモナイト、一億年くらい前のものですが、それでもまだ綺麗です。反射スペクトルにもピークが見られて周期構造に美しい色が由来していることが分ります。周期構造が一億年もつと云うことなんですね。電子顕微鏡で見るとこんな周期構造です。（図153）

それで、こんな物を自分たちでどうして作るかと云うことですが、一番安くできるのは、こう云う球を沈殿させる方法です。直径数百ナノメートルの球を沈殿させます。それでこんな物ができます。（図154）

図152　表紙裏カバー、カラー写真Ⅵ参照

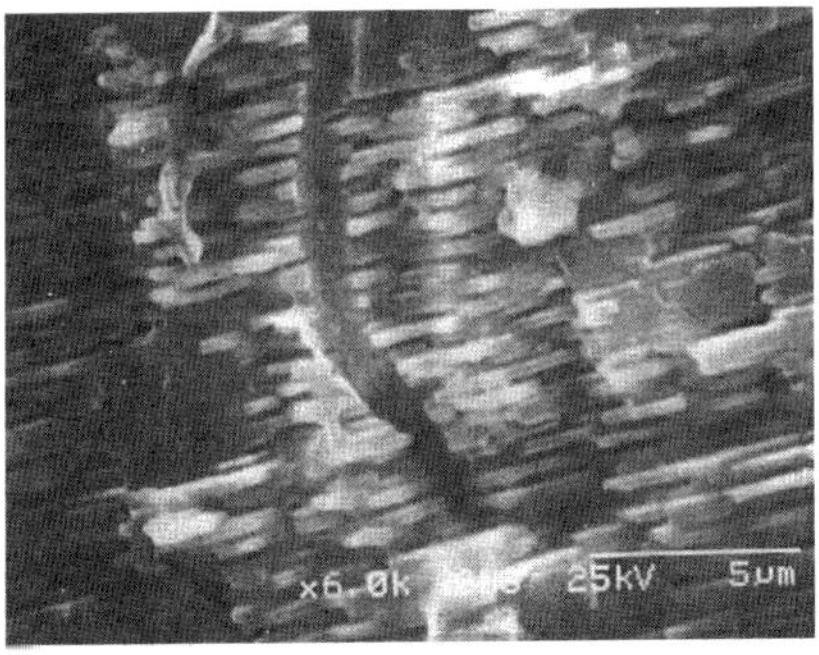

図153

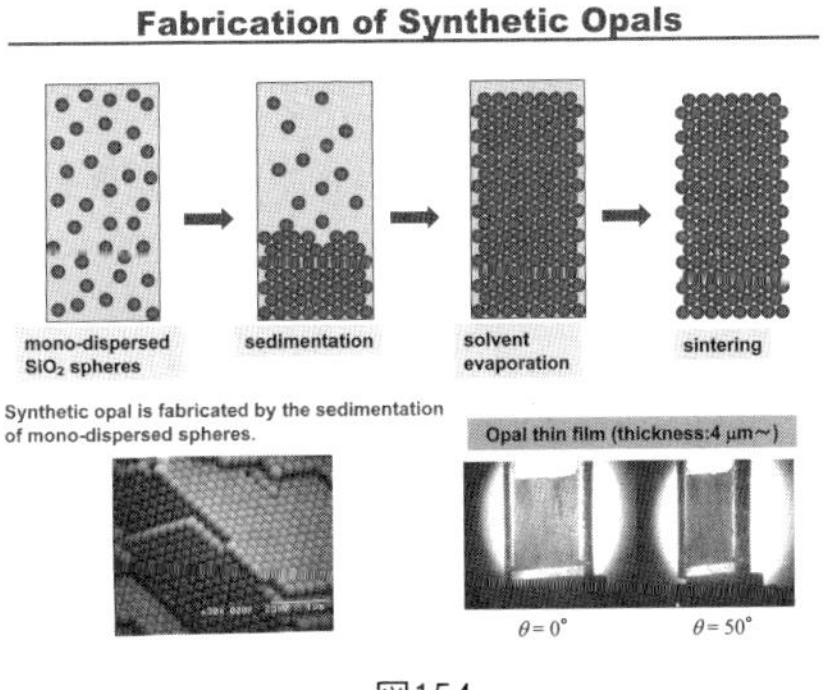

図154

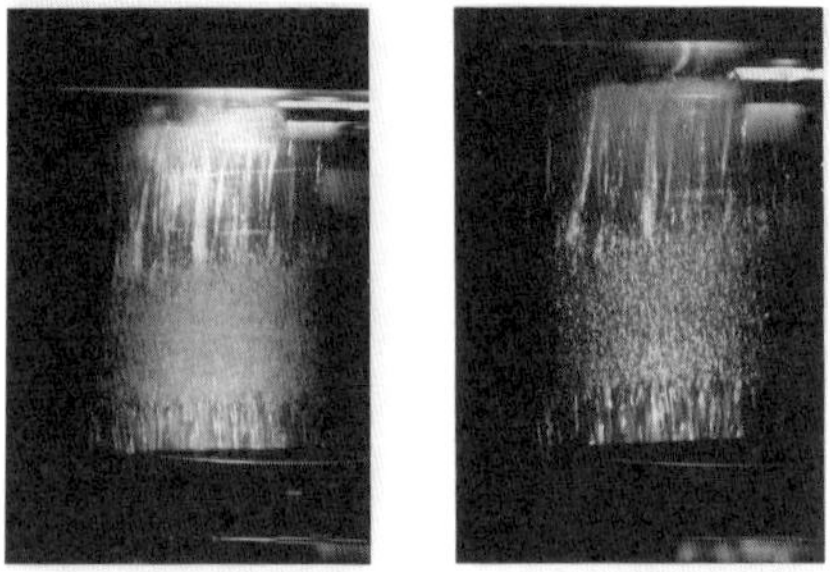

図155(b)　表紙裏カバー、カラー写真Ⅶ参照

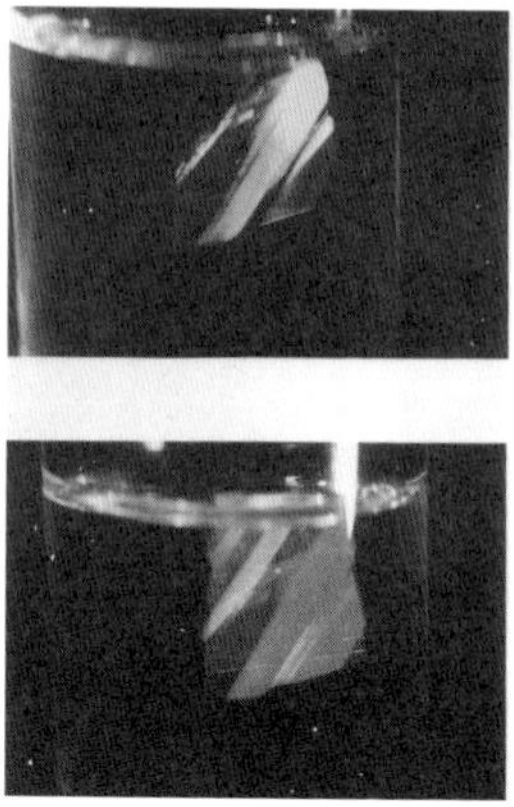

図155(a)
表紙裏カバー、カラー写真Ⅷ参照

これを見ると綺麗ですね。場所によって微妙に色が違いますが、綺麗です。(図155(a)) 乱れを一寸大きくするとこんなにもっと綺麗になります。(図155(b)) これは基本的にはオパールと一緒であります。人工オパールはこうやって作るんです。

これが反射と透過スペクトルですが、球の大きさによって決まるある波長で光の透過が最小になり反射が最大になります。球の大きさによって決まる反射のピーク波長は紫外線から、可視光線、赤外線どこの波長領域でもいけます。(図156) 電子顕微鏡写真からも非常に綺麗に玉が積み重なって三次元周期構造をしていることが分ります。(図157)

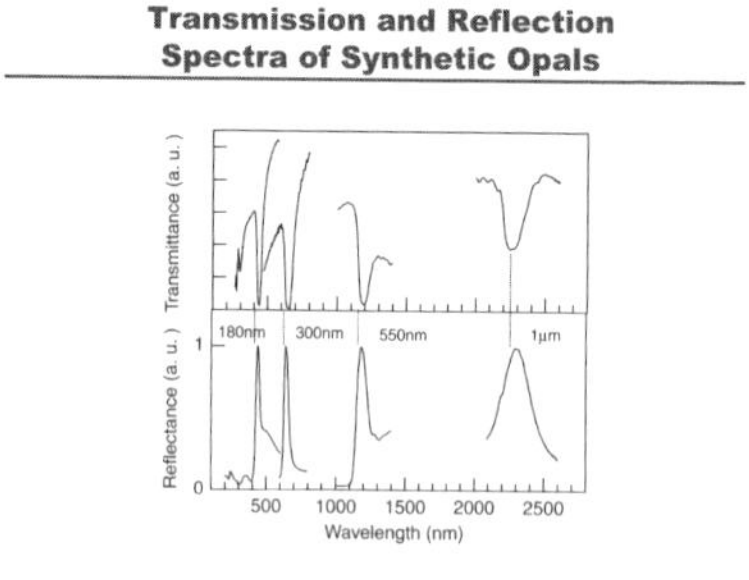

図156

図157

図159

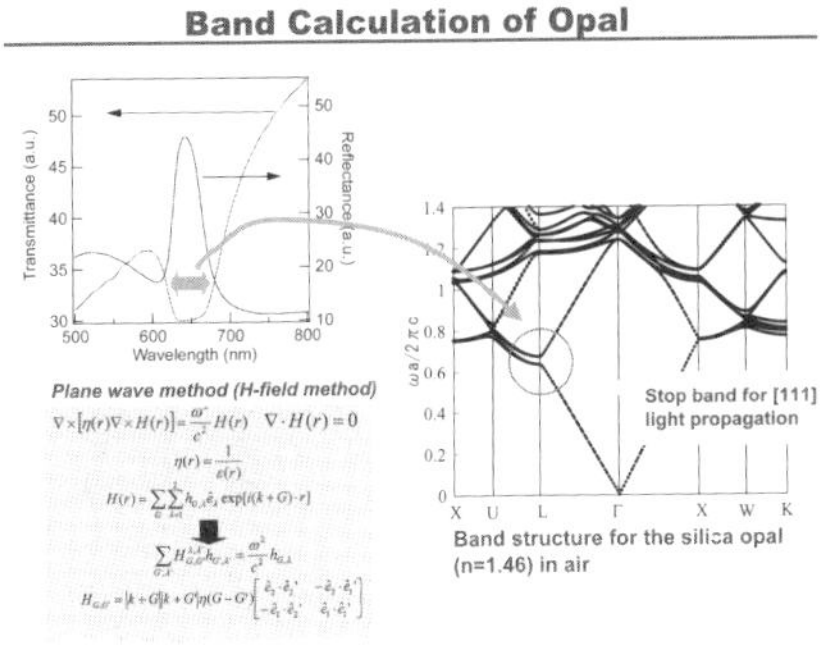

図158

これは学生さんが計算した結果ですが、実際こうなります。(図158) これ二〇〇ナノメートル（nm）位の球の例です。

プラスチックでもこのような周期構造は出来ます。これはポケットに今一個入っています。やはり綺麗ですね。(図159) これは直径二〇〇nm位のプラスチックの小さな球を沈殿させて作ったものです。

これは別の方法で化学的にやられた例です。やはり綺麗です。(図160) 材料はシリコンです。

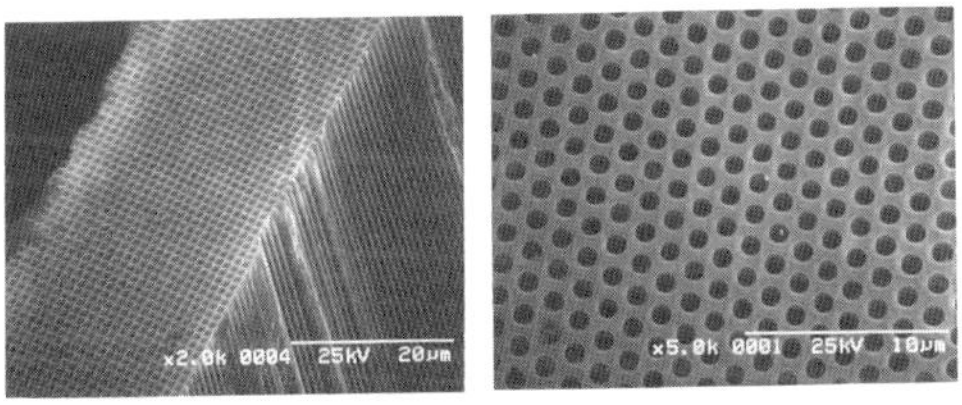

図160

もう一度シリカの球で作った三次元周期構造を見ますと、球がこんなになっています。(図161) 私達は球が規則的だけど、この球と球との隙間も規則的であることに気がつきました。この隙間の中に色んなものを入れて後で球を溶かして取り

図161

除きます。するとあらためて大きな隙間を持った規則構造が出来ます。オパールを鋳型にして作られるんですね。

これは鋳型法で作った物で穴だらけですが、確かに、この穴も規則的です。(図162) 反転オパールとも云います。これはフェノール樹脂で作った物です。フェノール反転オパールです。本来フェノール樹脂は無色ですが、これで作った周期構造の物は凄く綺麗です。

これはそのフェノール反転オパールを三千度近くで熱処理して作ったグラファイトの電子顕微鏡写真です。(図163) グラファイトは普通黒いですが、これで作った物は凄く綺麗な色をしてますね。これはブルーの色のものですが、もとの鋳型に使ったシリカ球の径によって緑や色んな色のものが出来ます。これらは要するにフォトニック結晶です。

これらのフォトニック結晶のフォトニックバンドギャップと云うのを自由自在に操りましょう、と云うのをNEDO国際共同研究と云うのに申請したんですね。NEDOと云うのは新エネルギー開発機構 (New Energy Development Organization) の略称です。

そのメンバーがこれです。(図164) 私が代表で、これだけの人が参加しています。

この中で私の左側、したがって向かって右隣にいるSajeev Johnと云う人が最初にフォトニック結晶と云うのを一九八七年に提言した人の一人です。これ、皆、私の仲間で、アメリカで会合した時の写真ですが、

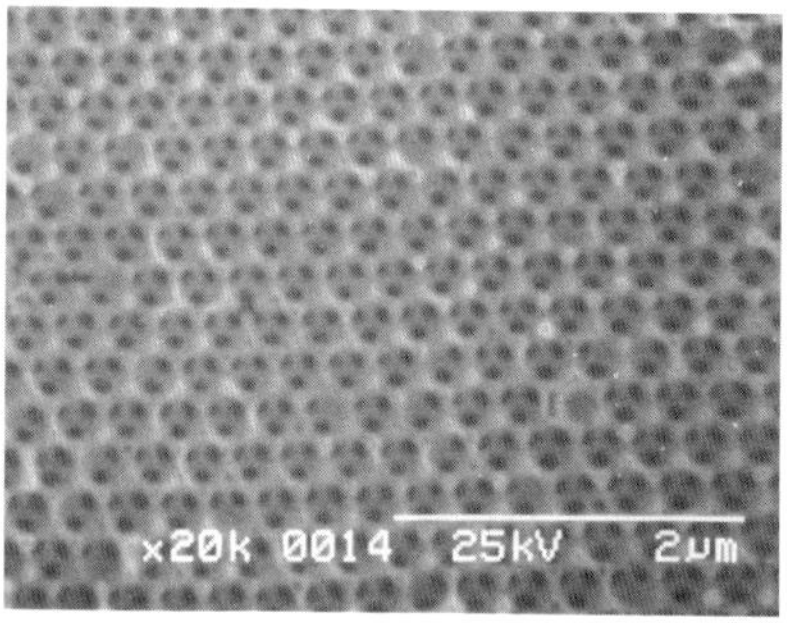

図162

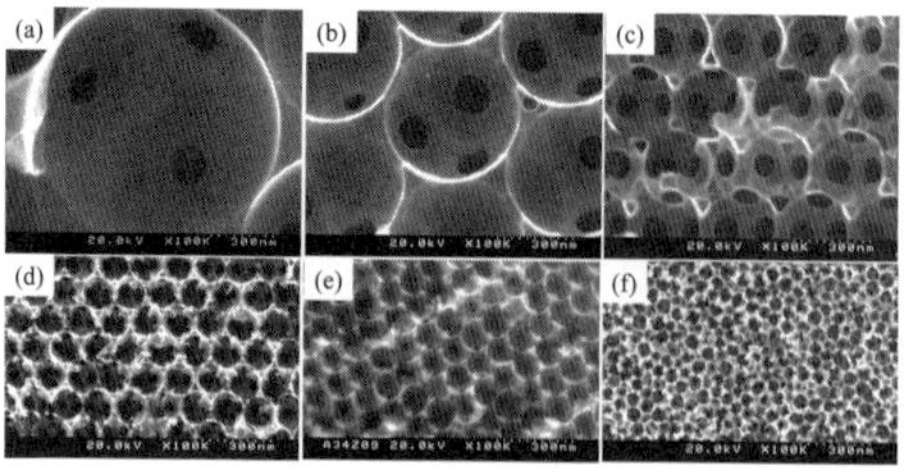

The diameters of used SiO_2 spheres are

(a) 1 μm　(b) 550 nm

(c) 300 nm　(d) 120 nm

(e) 74 nm　(f) 43 nm

SEM images of carbon inverse opals pyrolyzed at 800°C

図163

図164

皆、背の高さがほぼ一緒ですね。アメリカの国旗、日本の国旗、それと会場となったかメンバーの一人の会社の旗があがっています。日本はあまり国旗があがらなくなりましたが、外国ではどこの国でも国旗がよくあがっています。

こう云う連中ですが、これ、私の右側がバルドネーさんと云う物理屋さん、これ左端、したがって向かって右端が私の親友ザキドフさんで、向かって左端の人は一時期私と意見がうまく合わないこともあったボーマンさんと云う人、今はまたOKですが。(爆笑)

もともとメンバーは六人ですが、一人だけ写真に入れないのは、その人もその後結構有名になったんですが、余り積極的に協力しなかったからです。それで抜きました。

フォトニック結晶や、チューナブルフォトニック結晶の具体的なことはここでは話す余裕がありませんので省略しますが、ともかく画期的なことが可能になります。

従来、光は止めることも貯めることもできないものと考えられてきましたが、フォトニック結晶によって原理的には光を止めたり、貯めたりが可能になります。いわゆるオプトエレクトロニクスに画期的な進展をもたらしますし、レーザー発振が極めて低い励起強度でも可能となったりします。特にチューナブルフォトニック結晶を生かすと、僅か数ボルトの電圧でレーザー発振の波長、色を大きく変化させるなど、従来不可能と思えたようなことが可能となってきます。実際に我々のグループでは数ボルトの電圧でレーザー発振波長が大きく制御可能であること、電圧で制御できる色フィルターができる、余り応答速度の速くない液晶を使って二桁程度も高速な光のスイッチができることな

図166

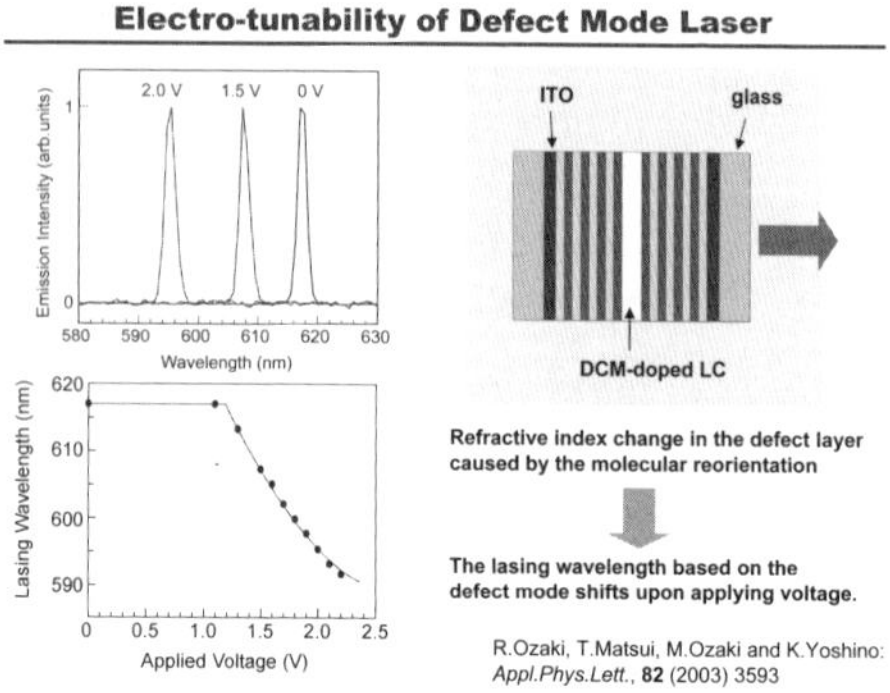

図165

ど様々なことを実証して来ました。三次元フォトニック結晶だけでなく、二次元、一次元フォトニック結晶でも可能です。

例えば、欠陥を持ち込んで、そこに液晶と蛍光色素を入れて光照射するとレーザー発振し、数ボルトでレーザー波長が大きくコントロール出来ます。（図165）

フォトニック結晶はどんなものに使うか考えると、単にチューナブルだけではなく、本当にいろんなことが出来ることが分ってきます。

フォトニック結晶の話をした時、いつも最後にこれを使います。これはある時、Sajeev Johnが僕の所にメールを送ってきたものです。当時、容量が大きかったのでメールがなかなか開けなくて困りました。（図166）

この電子メールを読んでみますと、〝かつみさん、今日は〟、で始まっています。何でこんなもの、なかなか開けれなくて困るようなもの送ってきたのかなと思ったんですが。、要するに、添付の容量が大きかったんですね。添付にあったのはSajeev Johnさんの子供の写真でありまして、それでSajeev Johnさんの許可を得て、その後これを使わせて貰っています。

要するに、フォトニック結晶と云うのはこんな段階だと云うことを話すのに使わせてもらっています。

生みの親は非常に偉い。ただ、多分、この親から生まれたこの子も素質が良い筈で偉くなるだろうけど、まだ分からない。フォトニック結晶もそうです。生みの親が偉くて、素晴らしい可能性を秘めているが、まだよく

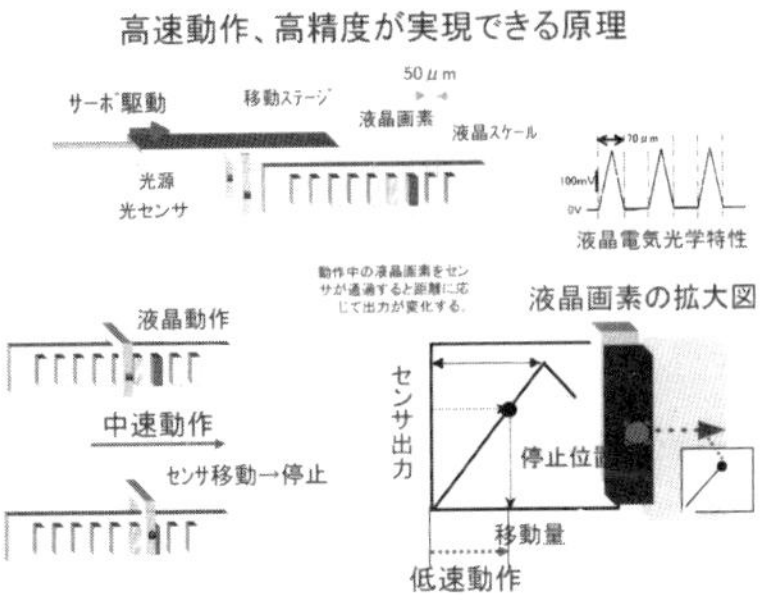

図167

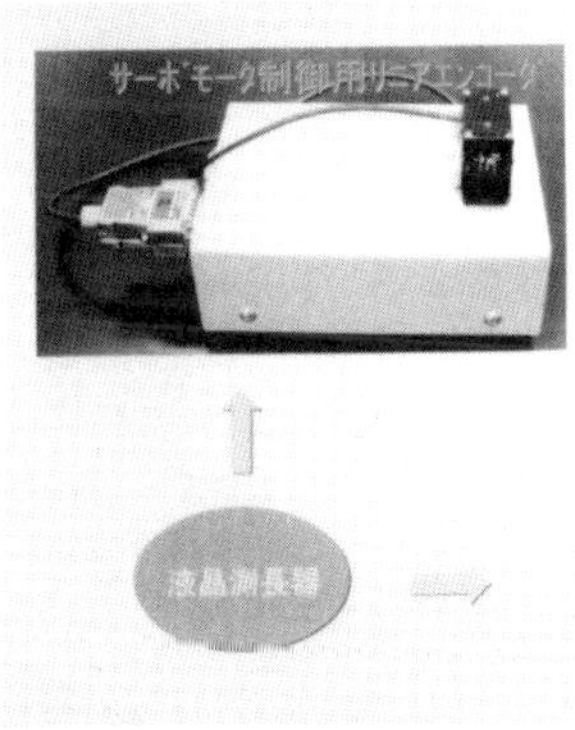

図168

わからんところもある。周りの人が面倒を見ると必ずよくなる。こう云うものですからフォトニック結晶は必ず凄いものになりますので、私も全力をあげて取り組みますから、ご興味のある方は是非ご協力お願いします。

実は、これと全く違うことですが、科学技術振興機構にプレベンチャー事業と云うのがあって、これに応募しまして、採択され、三年間にわたって大きな援助を頂きました。メンバーは私と、大薗敏雄、小林潤也、桑原定明との四人で始めまして、去年の九月まで取り組みました。この時、科学技術振興機構、特に大阪ですと所長の森内孝彦さんに大変お世話になりました。

この課題はなんだったかと云うと、要するに、〃液晶を使ってナノスケールで位置を精密に決めましょう、制御しましょう〃、と云うことです。(図167)

原理は図に示しますように、液晶の窓を使って位置を決めること、これによってロボット制御も出来るというわけです。私の従来の導電性高分子や液晶の研究とかなり違うものです。

それで出来たものが、これで、(図168) アクチュエーターやロボットの精密な位置制御ができます。さらに、これを縦、横、高さと三次元的に使って顕微鏡も出来ます。非常に安く、非常に精密な測定が出来まし、凸凹などもきちっと評価できます。しかも、動くものも測れる、見える。これらが大きな特徴です。

これは実際に作ったものの例（図169）、測定の例です。（図170）これが大学発ベンチャーと云うことで、先端科学イノベーションセンターの中で研究開発、事業化をさらに進めていこうとしております。

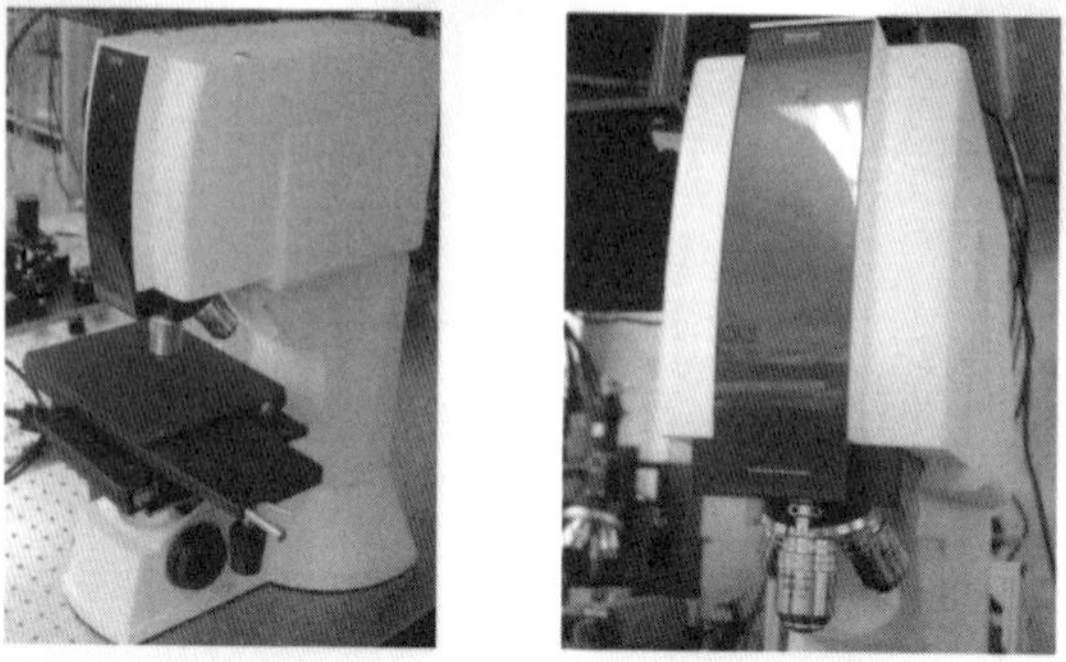

図169

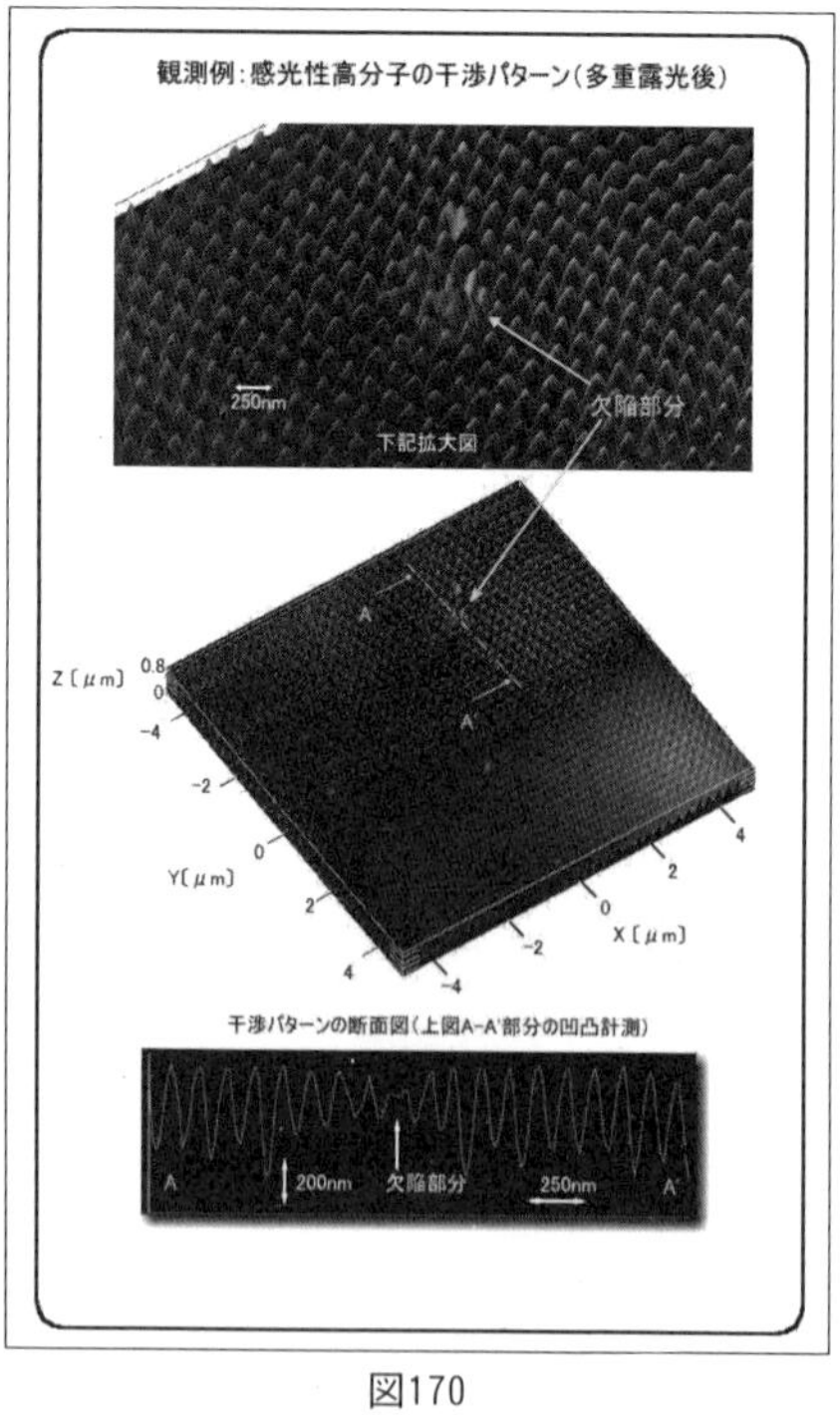

図170

一・四　研究を通じて知ったこと、思ったこと

これで、時間が大分無くなってきましたので、後、私の乏しい研究経験から得た自分での反省事項を、ここに学生さんもおられますから、話させて貰います。偉い方には余計なお世話と云うことでしょうけど、私の思っていることの一部を表に纏めてみました。(図171) その中からいくつかをもう少し詳しく話して見ます。

○　世界は広い

要するに私が何か思いついたとしますと、大抵、同時期に世界のどこかで誰かが思いついている、やっている可能性が高いんですよ。ですから発表のタイミングが極めて大事なんですね。タイミングを失すると全く無視されます。要するにタイミングが大事と云うこと、阿吽の呼吸と云うのも同じようですね。

多様なこと、色んな可能性があってですね、世界中で見ると、想像を遙かに超えた信じられないような桁違いな男がいるものです、勿論、女性もですが。そう云うものも存在すると云うことを理解してやっていかなければいけません。日本の常識でやっていると失敗することがあり

乏しい研究の経験から得た　教訓の一部

- ◆ 世界は広い
- ◆ 常識にとらわれないことが大事
- ◆ 失敗は捨てるにはもったいない
- ◆ 餅は餅屋
- ◆ 歴史は繰り返す
- ◆ 多読は寡読にしかず
- ◆ 今が大事
- ◆ 同時に二つ以上のことをやっていることがとても役立つことがある
- ◆ 何にでも興味を持とう関心を持とう
- ◆ 何でも否定的にとるのではなく、前向きに考えよう
- ◆ 百尺竿頭進一歩
- ◆ 弱点がおかげになることが多い
- ◆ 時にはアホになろう
- ◆ 何でも楽しくやるにかぎる
- ◆ やり直しはきく
- ◆ 人はそんなに自分に関心を持っているものではない
- ◆ 身の回りの人、皆さんに感謝

図171

ます。世界は広いんだと云うことを頭の中にしっかり入れておかねばならないと云うことです。

○常識にとらわれない

62　遺伝パート　脱常識

六十二　遺伝パート二　脱常識

私は研究を行う姿勢として、若い人に脱常識と、スッポンのように食い付いたら何かを咬み取らねば離さぬ位のしぶとさが必要であると言っている。特に新素材とか次世代において意味を持ってくるであろう、全く新概念のエレクトロニクス、或いはエレクトロニクスを越えた素子、デバイス、システムを研究しようとしている立場からは、従来の常識にとらわれてはどうにもならない。例えば私が直接関係している高分子系新素材を見ても、従来の高分子に関しては柔らかく、機械的に弱い、熱的に弱い、色も何かを入れて着色しない限り無色で、電気的には電気を通さない絶縁体で、磁気的にも不活性で磁石につかないし、磁石そのものになる筈がないというのが常識であった。ところが現在においても既に高分子新素材と呼ばれるものは、画期的な性質を有している事が明らかになり始めている。鋼鉄より固く、強く、極めて高い耐熱性があり、本質的に着色し、しかも色々な色に可逆的に変わり、電気的にもよく電流が流れる金属や超電導体となり、磁気的にも磁石に付着したり、逆に永久磁石になる可能性のあるものが出現しつつあり、従来の常識を完全に越えている。このような分野の研究や開発をする者にとっては、従来の常識にとらわれてはいけない。即ち非常識であることが望ましいことになる。しかし若い人達に非常識であれと言えば、先輩方から、馬鹿なことを言うなと言われるので、言葉を工夫して、脱常識であれと言うことにしている。

62　遺伝パート　脱常識

しかし脱常識と言っても、要するに非常識のことである。非常識といえば、周りの人から見れば、恐らく私は本来非常識そのものであるだろうから、私そのものはこの手の研究にぴったりということになる。

ところがおかしなもので、この常識を脱線しがちな私の本来の思考形式がどうも娘に少し遺伝しているようである。例えば長女の瑞穂は小さい頃から時々脱常識の言動をする。幼稚園に入る前後の子供達は皆、積み木をもって遊ぶ。最初にあひるの絵があって、あひるの〝あ〟、次にいぬの〝い〟等と少しづつ平仮名を憶えていく。しかし瑞穂はこれがどうしても納得できないので憶えられない。というよりも憶えようとしない。〝なぜあひるの〝あ〟なの、あひるの〝る〟でどうしていけないの、あひるの〝へ〟といってもいいじゃないの〟という訳である。たしかにあひるの〝あ〟というのが何も当然である訳でない。また小学校の五、六年の頃に、学校で電池の問題が出た時のことである。電池、スイッチと豆ランプがつないだ回路があり、図六のように回路が開いている、即ち回路の端が断線しているとする。この時スイッチを閉じたらランプが点くかどうかという問題があったそうである。瑞穂は点くと答えたそうであるが、先生は点かないのが正解だと言う。また生徒は、皆それが正解であるのが当たり前であるという。ところが瑞穂は理解できない。家に帰って、〝おかしい、点くはずである。〟と言い続ける。何故かと問うと、要するにスイッチを閉じた時、電池から電気が流れだしランプの方へ行くが、先端が切れているかどうかは前もって流れていく電気さんが知っている筈がない。切れている所までできて、始めて切れていると気が付くはずで

図172

常識にとらわれてはいけないと云うことも大事です。脱常識、超常識であることが大事です。最初、常識を覆すこと非常識が大事、と云ってましたら、先生に叱られまして、非常識ではだめ、と。それでその後、脱常識、超常識と云ってますが、同じことです。(爆笑)

子供の心になろう、と云うこともあります。子供は常識にとらわれませんから。原点に戻ろう、と云うこともあります。先入観にとらわれてはいけません。専門外の人は知識が不足しているように思われますが、逆に云うと変に先入観、こだわりがない可能性があります。専門外の人と積極的に接すると、常識にとらわれなくなる。そのため素晴らしい発見、展開がはじまる可能性が出てきます。同じ物でも見方を変えてみようと云うことです。

これから少しだけ例を云います。

これ、うちの長女が、瑞穂といいますが、何かやったことをどっかに書いたものです。〝脱常識〟。(図172) これが何かと云うと、次のような話です。

長女の瑞穂が小学校の時、こう云う回路の問題が試験に出たそ

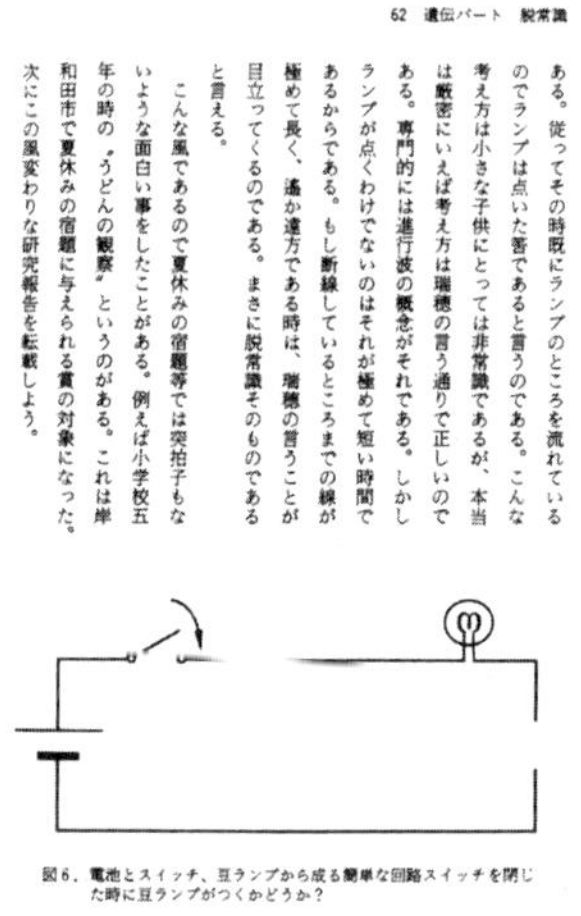
62　遺伝パート　脱常識

ある。従ってその時既にランプのところを流れているのでランプは点いた筈であると言うのである。こんな考え方は小さな子供にとっては非常識であるが、本当は厳密にいえば考え方は瑞穂の言う通りで正しいのである。専門的には進行波の概念がそれである。しかしランプが点くわけでないのはそれが極めて短い時間であるからである。もし断線しているところまでの線が極めて長く、遙か遠方である時は、瑞穂の言うことが目立ってくるのである。まさに脱常識そのものであると言える。

こんな風であるので夏休みの宿題等では突拍子もないような面白い事をしたことがある。例えば小学校五年の時の〝うどんの観察〟というのがある。これは岸和田市で夏休みの宿題に与えられる賞の対象になった。次にこの風変わりな研究報告を転載しよう。

図6．電池とスイッチ、豆ランプから成る簡単な回路スイッチを閉じた時に豆ランプがつくかどうか？

図173

うです。(図173）それで自分なりに考えて答えを書いたら×されたらしいんです。家へ帰って家内に話してるんですね。〝何で、先生なんぼ云ってもわからん。先生おかしい、分らん〟と云っているんです。

その問題は、このスイッチを入れたらランプが点くのでしょうか、と云う問題だったんですね。

子供が〝点く〟と云うと、先生は〝点かない〟〝何でですか〟〝だって、回路が切れているでしょう、点くわけありません〟と云うのが先生の答えだったそうで、普通はそれで正解でしょう。小学校での〝正解は点かない〟でしょうね。ところが、大学の電子の先生である私が聞かれて〝点かないのが当たり前〟と云ったら間違っている可能性があります。微妙な問題があるんですね。うちの娘の云い分はこうなんですね。

〝先生、スイッチ閉じるでしょう。電気さんがここから走り出すでしょう。ここを通って、ここへ来るでしょう。その時、あっ、ここで切れてると気がつくでしょう。この時、もうランプの所は通ったんだから点いている筈でしょう〟、と云うんですね。(笑い)

先生は〝それは間違いです〟と云うんでしょうが、これ、電気工学から云うと娘の考え方は正しいんですね。原理的には正しい、一瞬だから見えないけど。(笑い）だけど考え方は正しい。これを〝だめ〟と云う先生はいけない。(爆笑)

子供の発想が大事です。

しかも、この子は、〝アヒルのア〟と全然憶えられないんですね。〝イヌのイ、ウサギのウ〟、それもだめ。〝アヒルのアは何でアなの、アヒルのヒではだめなの、アヒルのルでもいいじゃないの、アヒルのケでもいいじゃない〟、と云うんですね。確かにその通りで〝アヒルのア〟は最初をとっているだけのことで、何も正しい間違いと云うべきことじゃないわけです。常識を捨てる必要があります。
それから、真ん中の子、香苗も小さな時、変なことを云ってましてね。たしか、同じ血族は結婚しないと云う話しが始まりだったようです。（図174）

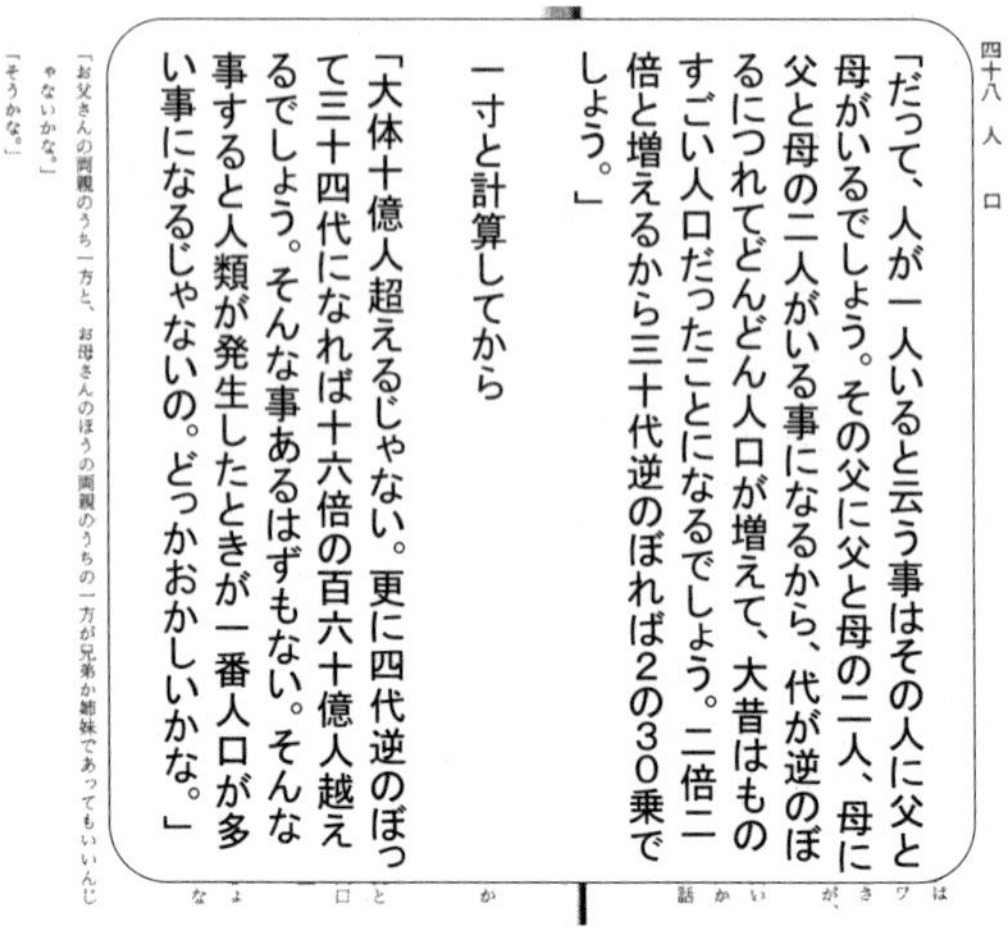
四十八　人口

「だって、人が一人いると云う事はその人に父と母がいるでしょう。その父に父と母の二人、母に父と母の二人がいる事になるから、代が逆のぼるにつれてどんどん人口が増えて、大昔はものすごい人口だったことになるでしょう。二倍二倍と増えるから三十代逆のぼれば2の30乗でしょう。」

一寸と計算してから

「大体十億人超えるじゃない。更に四代逆のぼって三十四代になれば十六倍の百六十億人越えるでしょう。そんな事あるはずもない。そんな事すると人類が発生したときが一番人口が多い事になるじゃないの。どっかおかしいかな。」

「お父さんの両親のうち一方と、お母さんのほうの両親のうちの一方が兄弟か姉妹であってもいいんじゃないかな。」

「そうかな。」

図174

〝そうしたら、現在の人口が一番少ないじゃないの〟と云うんですね。〝先祖が非常に多いと云うことになるんじゃないの。だって一人がいると云うことはその人にお父さんとお母さんがいるでしょう。そのお父さんとお母さんにそれぞれまたお父さんお母さんがいるでしょう。そうするとどんどん多くなって、代が遡るとどんどん人口が増えて大昔の人口はもの凄かったと云うことになるんじゃないの〟。2倍、2倍、その2倍と途方もないことになる、と云うんですね。
それから将来については、今はそんな状況じゃなくなったんですが、子供が二人〜三人いるとすると、代がいくとやはり人口がどんどん増える、と云うんですね。〝子供が何人かできたとすると、その子が誰かと結婚してまた子供、孫が何人かできて、その孫がまた結婚して子供ができると、ドンドンこれから人口が増えていくのじゃないの〟と云うんですね。鼠算式に人口が増えていくと云うことです。
これ面白いんですが、結局そうすると、現在の人口がミニマム、最小、と云う結論になりますね。どの時代を考えてもその時が最も少ない、と云うのはおかしいですが、まあそう云う面白い発想ですね、こう云う発想が大事だと私は思います。

次は三番目の娘、智恵ですが、これも悪いところは私に似ているのか、非常識なところがあります。〝髪〟と云う話しです。（図175）

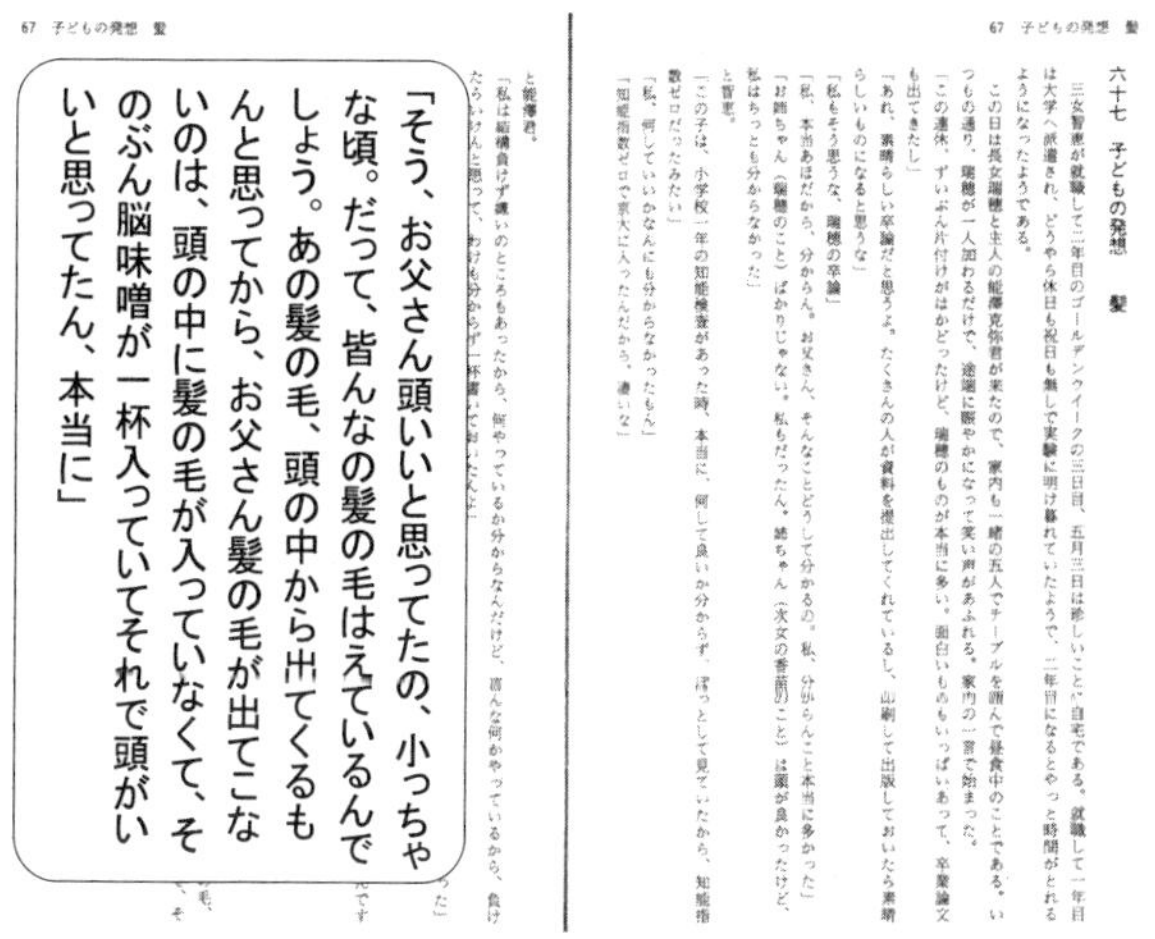
67　子どもの発想　髪

六十七　子どもの発想　髪

三女智恵が就職して三年目のゴールデンウイークの三日目、五月三日は珍しいことに自宅である。就職して一年目は大学へ派遣され、どうやら休日も祝日も無しで実験に明け暮れていたようで、二年目になるとやっと時間がとれるようになったようである。

この日は長女瑞穂と主人の能澤克弥君が来たので、家内も一緒の五人でテーブルを囲んで昼食中のことである。いつもの通り、瑞穂が一人加わるだけで、途端に賑やかになって笑い声があふれる。家内の一言で始まった。

「この連休、ずいぶん片付けがはかどったけど、瑞穂のものが本当に多い。面白いものもいっぱいあって、卒業論文も出てきたし」

「あれ、素晴らしい卒論だと思うよ。たくさんの人が資料を提出してくれているし、山刷して出版しておいたら素晴らしいものになると思うな」

「私もそう思うな、瑞穂の卒論」

「私、本当あほだから、分からん。お父さん、そんなことどうして分かるの。私、分からんこと本当に多かった」

「お姉ちゃん（瑞穂のこと）ばかりじゃない。私もだったん。姉ちゃん（次女の香苗のこと）は頭が良かったけど、私はちっとも分からなかった」

と智恵。

「この子は、小学校一年の知能検査があった時、本当に、何して良いか分からず、ぼっとして見ていたから、知能指数ゼロだったみたい」

「私、何していいかなんにも分からなかったもん」

「知能指数ゼロで京大に入ったんだから、凄いな」

と能澤君。

「私は結構負けず嫌いのところもあったから、何やっているか分からなんだけど、皆んな何かやっているから、負けたらいけんと思って、わけも分からず一杯書いておいたんよ」

「そう、お父さん頭いいと思ってたの、小っちゃな頃。だって、皆んなの髪の毛はえているんでしょう。あの髪の毛、頭の中から出てくるもんと思ってから、お父さん髪の毛が出てこないのは、頭の中に髪の毛が入っていなくて、そのぶん脳味噌が一杯入っていてそれで頭がいいと思ってたん、本当に」

図175

これは最近のことですが、家に帰ると家内が娘に〝お父さんに話してやったら〟と云ってまして、何のことかと思ってますと、娘が云いだしたんですね。

〝子供の頃、お父さん頭いいと思っていた。だって、みんな髪の毛生えてるんでしょう。お父さん生えてないだもん。子供の頃、あの髪の毛、頭の中から出てくるもんと思ってたん。お父さん髪の毛が出てこないのは、頭の中に髪の毛が入って無くて、その分、脳味噌が一杯入っていると思ってたん〟（爆笑）

こう云う発想がやっぱり小学校の時ある筈で、これを殺したらいけないと思うんですね。

やっぱり遺伝的なものもあったのでしょうか、一寸風変わりなところがあるのは遺伝でしょう。

私も子供の頃変なことを考えたことがあります。田舎は学校で結構、長距離走をやらせましたですね。小学校の時、四年生から一五〇〇メートル競走がありまして、中学校では山の上の小学校の分校までの往復で一万五千メートルくらい、高等学校では五六キロメートル、宍道湖一周だったんですが、今考えると凄いことをやらして貰っていたように思います。この小学校三年生くらいの時、早く四年生になって一五〇〇メートル走りたくてたまらなかったんです。と云うのは短距離は私余り速くなくはなかったんですが、もしかして長距離は速いんじゃないかと期待してたんですね。ところが、一五〇〇メートル競走を見ていると、四年、五年、六年生ですが、皆ヘトヘトになって帰ってくるんですね。それで僕は思ったんですね、〝僕、四年生になったら一番になろう。皆んなヘトヘトになってくるんだから、ヘトヘトになる前に一番前に行っていたら、一番になる筈だ〟と思ったんですね。（笑い）

必死に走りましたですね、トップでいったら、後半、走れなくなって、どん尻になりました。（爆笑）

でも、そう云う考え方が私は大事だと思います。自分なりに考えることですね。

○　失敗は捨てるには勿体ない

白川さんも失敗から出てきたと云いましたが、こんな例がいっぱいあります。これしゃべり出すと時間が無くなりますから、しませんが、失敗は結構面白いもので大事にしたいものです。

○　餅は餅屋

専門家に相談することは非常に大事です。

私、最初の頃、超音波で化学反応が起こる、促進されるなどと云って一寸実験したことがあります。しかし、これは化学屋さんの世界ですから、後、柳田君の所へ行って、この超音波の話しをして、一緒にやってくれと頼んで一緒に論文を書いたことがあります。

その他色んなことを云ったことがあります。

酸化物半導体を光触媒に使った研究を始めると柳田君が云ってきました時、〝それじゃ、導電性高分子も光触媒に有効である可能性があるよ〟、と云ってポリパラフェニレンを持って行って柳田君と一緒に研究して論文を書いたこともあります。

要するに餅は餅屋にやって貰わないと、中途半端で終わります。やっぱりプロがやるとうまくやっていけます。その道を極めている人には信じられないようなことが可能です。技術者、技術的に優れた能力を持っている方、職人さんは極めて重要であります。

例えば、この間、原発のボイラーの配管が破裂した事件がありましたが、その直後、薩摩と云う喫茶店で、それが話題にあがったことがありました。あれは原子炉本体の事故ではなくボイラーの事故で、ボイラーは火力発電やそれ以外いろんな所で民間でも使われておりますから、ボイラー共通のどこでもありうる話しです。

その時、村上正昭さんと云う方がおられて、この方はボイラーを専門としてずっとやられていた方ですが、その方がおっしゃったんですね。

〝昔はね、コンコンとやると全部分かったんですよ。でも、今はこう云う配管は全部断熱材で覆ってあるから、コンコンとやりにくくて残念ですが〟。

さらに村上さんがおっしゃていました。

〝昔はもっと凄い人がいましたよ。昔、蒸気機関車と云うのがありましたね。蒸気機関車と云うのは石炭を炊いて水蒸気を発生させてそれでピストンを動かしているんですが、走っている音を聞いただけで、昔の人は、あー、あそこが悪い、と分かったそうです〟。ですから、この何かの仕事を一筋にやってきた人、極めた人である職人さんと云うのは素晴らしいです。私達はこう云う人を大事にしなければならないと思います。

時間が一寸超過しましたが、後五分か十分やらせていただきます。

○　歴史は繰り返す

どんなことでも、ずっとやっていると、二十年間くらい辛抱してやっているともう一度同じことが話題、課題とし

ふるきをたずねて　あたらしきをしる
温故知新
温故而知新　可以為師矣
（論語　為政）

Wēn Gù zhī xīn
Wēn Gù ér zhī xīn kě yǐ wéi shī yǐ
lún yǔ Wéi Zhèn

図176

てやってきます。もう一回くらい必ず来ますから辛抱してやらないといけない、と云うことです。同じようなことであっても二十年くらいたっていると全く違った値打ちが出てきていることがあるし、周囲の環境、条件の変化で重要なものに再度なってくる可能性があるからです。その時それを持ち続けていると云うこととともに、そのチャンスを見逃がさずサッと掴むことが大事です。

それと、お年寄りからも学ぶところ大きいですから、昔のこと、人を見直しましょうと云うことです。年がいっても、〝はい、もうあなた要りません〟と云わない方がいいと思います。(笑い)

温故知新、と云うのがあって、これ、私、好きですが、皆さんも意味はご存知ですね。(図176)〝ふるきをたずねてあたらしきをしる〟、〝おんこちしん〟、と読みますが、中国の人も当然こう読んでいると思いがちですが、実は、これ中国人読み方が違います。これやめときましょう、面白いんですけど、時間がないから。

○　多読は寡読にしかず

これ格言でもなんでもなく、私が勝手に云っていることです。私、余り論文読むの好きじゃなくて余り読みませんので、〝読みすぎたら、読まれますよ、発想が消えます、影響を受け過ぎますよ〟、と云うことで、まあ私の論文を読まない弁解でもあります。しかし、これも真実であると思っています。

○　今が大事

今の瞬間が大事であります。いろんなもの、いいチャンスが通りますので、それをパッとどっかで掴みましょう。

その一瞬を見逃さず、パッと対応することが大事です。

メモは取りましょう。これはまた少し違う簡単なことですが、誰でも、特に年がいくにしたがって聞いたこと、見たことをすぐ忘れますから、その今の事実、感激をメモしておきましょうと云うことです。

○　二つのことをやろう

私、いろんなことをやっています。液晶、導電性高分子、絶縁体、フォトニック結晶、やり過ぎですが、二つくらいのことをやっていると非常に良いと云うことです。一方の知見、経験が他方のヒントになりますし、展開に大きく役立ちます。

○　何にでも興味を持とう

子供の心に帰る、と云うことと同じようなことでもあります。

○　何でも否定的にとらえず前向きに考えよ

これも非常に大事です。

前向きに考えていると生きますが、なんでも否定的に考えていると全部だめになります。

○　百尺竿頭進一歩

これは曹洞宗の道元禅師の言葉であります。

要するに、百尺ですから、三十六メートル、その竿の先まで行っても、もう一歩だけ上がろう、もう一歩の努力をしようと云うことです。

これをもとに、私時々云うんです。

〝もう一寸だけ先に行こう〟、

〝もう一寸だけ上に上がろう〟、

〝もう一寸だけ長くやろう〟、

〝もう一寸だけ優しくなろう〟

これでガラッと変わります。

若い人のためにもう一つ
〝もう一寸だけ早起きしよう〟、（爆笑）

次の写真は我々のいる電気系の建物から産業科学研究所方面を見たものです。（図177）こう見えます。時々、お客さんや、学生さんを電気系の九階建ての建物のてっぺんまで連れて上がりながら、外の景色を見せて云います。

もう一歩上がりますと、〝あれ、向こうに山があったのか〟、もう一歩上がると、向こうの山の向こうにまた家があることが分かる。

一歩上がるごとに視界がぐっと変わって広く見渡せるようになる。だから、もうほんの少しだけ努力をしましょう、と云うことを学生さんたちに云っています。

図177

○　弱点がお陰になることが多い
私は、例えば、大変不器用であります。不器用であるから、学生さんが一所懸命やってくれます。学生さんも、〝なんやこの先生要領悪いな、教えてやろう〃、と云う気持ちになってくれます。そう云うのが非常に有り難いことですから、要するに自分が若い、経験不足である、成績が悪い、不器用である、貧しい、時間がない、これらは、考えてみると、非常に良いこと、有り難いことであります。

○　時にはアホになろう

私の同期生であります、サントリーの取締役をやっていた今西君が、わたしが思っているのと同じことを、非常にうまく学生に云ってくれました。アホ、カシコ（賢）の話しです。どれがいいか、と云うことを、彼は次のような表を書いて説明してくれました。(図178)

ミカケ ＼ ホント	アホ	カシコ
アホ		
カシコ		

図178

アホでアホ、すなわち、アホに見えて本当にアホ、アホに見えて本当はカシコ、カシコに見えて本当はアホ、カシコに見えて本当にカシコ、一体どれが一番いいでしょうか、と云うことです。

アホに見えて本当にアホが良くないのは良く分りますね。カシコに見えて本当にカシコ、これはキザですね。人にあまり好かれませんね。カシコに見えてアホ。これもよくありませんが、皆さん自分の子をまるでこんな風にしようとしているように見えます。〃そんなにポカンと口を開けていたらアホに見えるじゃないの〃。見掛けを賢くしようとしますね。見掛けだけではむしろだめですね。アホに見えて本当はカシコ。これが一番ですね。

アホに見えますから、みんなが親切に教えてくれます。ですからアホのほうがドンドン吸収して結果的に賢くなります、アホに限る。私のモットーあります。

次に、

○　出直しはきく

　これは人生の中でいろんなことで失敗することがありますが、必ずやり直しがきく、と云うことです。今の世の中では、マスコミが一度倒れた人を徹底的にやりこめて、絶対に二度と立ち上がれない形にしようとしているように見えますが、これは感心しません。実際はやり直しがきく筈ですし、やり直しがきく、やり直しのチャンスが与えられる社会にならないといけないと云うことです。

　その例が榎本武揚です。榎本武揚は電気学会の初代会長です。

榎本武揚と云うのは良くご存知と思いますが、江戸から明治に代わるときに登場した有名な人であります。

いろんな所からこれが手に入ります。私、電気学会の副会長やっていたこともありましてこんなものが手に入りました。（図179）電気学会雑誌第一巻第一号です。これに面白いことがいっぱい書いてありますが、内容は省略します。

そのときの会長が榎本武揚で幹事が志田林三郎と云う人です。その榎本武揚の話です。

第一輯目次

電氣學會雜誌第一輯目次　明治二十一年

一

図179

　榎本武揚は実は逓信大臣になりますが、その前に文部大臣もやっていますすし、外務大臣もやっています。要するに、外務大臣で不平等条約改定をやった男はこの榎本武揚です。彼は幕府側でしたが、三～四年間ヨーロッパで、近代高等教育を受けた人です。西郷隆盛と勝海舟が江戸城明け渡しの交渉をやった時、やっぱり幕府側で、彼は納得できず、軍艦を持って北海道の五稜郭に行って共和国政府を作って総裁になります。

　面白いのはこの閣僚名簿の中に、大島圭介がいますし、何と土方歳三がいます。新撰組の土方ですが、これが海軍奉行並ですから、海軍大臣と云うことです。（図180）

蝦夷嶋　（五稜郭）

総　裁	榎本　武揚
副総裁	松平　太郎
海軍奉行	新井　郁之助
陸軍奉行	大鳥　圭介
陸軍奉行並	土方　歳三
箱館奉行	永井　玄蕃
江差奉行	松岡　四郎次郎
松前奉行	人見　勝太郎
開拓奉行	沢　太郎左右衛門
会計奉行	榎本　対馬
同	川村　録四郎（錬太郎）
津軽陣屋総督	中島　三郎助
裁判役頭取	竹中　重固
軍艦頭	甲賀　源吾

図180

榎本の側は官軍から見たら賊軍であります。それで黒田清隆に負けます。だけど殺されずに降伏します。その後、官軍側、即ち、明治政府に受け入れられて、重要な役割を果たします。黒田清隆は榎本がそれだけの大変な人物であることを見抜いて、殺すのではなく、何としても日本のために働いてもらいたかったんだと思います。今の時代ですと、敵だと見たら徹底的に潰されます。再起不能としてしまいます。

これではまずいと思います。失敗したり、多少悪いことがあったとしても、それを償えば、その人を生かしてまた活躍できる可能性を残すと云うことが大事と思います。人殺しだけはいけませんけど。

実は、その陰で福沢諭吉が、榎本は極めて重要な人間だと、強く主張し動いたと云う話もあります。

○　人はそんなに自分に関心を持っているものではない

大きな失敗をすると、もう人前に出るのがいやで恥ずかしい、皆から変な目で見られ、〝もう自分はだめだ〟と思いがちですが、そう思う必要けない、と云うことです。心配ない。何か失敗しても、そんなことは皆忘れています。忘れていなくてもたいそうなこととは思っていない。それほど皆は自分に感心を持っているものでないから心配要らないと云うことです。

○　人は案外自分に関心を持ってくれている

これは全く逆みたいですが（爆笑）それもそうであります。

一回会った人であっても、大抵、〝この前会ったけど、あの人知っていないだろう、多分僕のことを忘れているだろうな〟と思いがちです。

大丈夫、憶えているものです。ですから、〝この前、お世話になりました〟と積極的に会って挨拶して顔を合わすがいいです。柳田先生は非常にお上手ですが。(爆笑)

○　遊び心が大事

私、これがもの凄く大事で、これがあって予想外の展開が始まるし、見えないものも見えてくるように思います。考えてみると、私ずっと遊び心でやってきたように思います、四十五年どころか六十年以上も。

○　無駄もよし、回り道もよし

私、これまでずっと、随分、無駄と回り道をやっていますが、これ、今云った〝遊び心でやる〟と云うのと同じことになるかもしれません。最短距離で目的の所まで行ってしまうと、随分いろんなことを見逃して、面白いものを掴み損なってしまうことがあると思います。もっとも、私の場合、その結果、残念なことに、〝余りに無駄なことをやり過ぎているのでは〟、と云われそうな気もしますが。

○　窮すれば通ず

これも大事で、何とかなると思えば必ずうまくいきます。頭に描いているイメージくらいには必ず行きます。ともかく全力で最後まで努力しましょう、と云うことです。

○　身の回りの皆さんに感謝しなければいけない

人は最も大事です。専門外の人、お年寄り、皆さん非常に有難いです。

神様と思わねばならない。

いよいよ私も定年を迎えます。

そうしたら先ほど云ったノーベル賞をもらったマクダイアミド（MacDiarmid）さんから間接的に話が入ってきました。ザキドフさんと云う人がマクダイアミドさんに会って、〝吉野が定年らしい〟、と云ったらしいんですね。〝エッ〟と云って、マクダイアミドさんが、こう云ったと僕にメールを送ってきたんですね。（図181）

Alanと云うのはマクダイアミド（Alan MacDiarmid）さんのことです。

〝吉野さんのように若い人がもう定年とは驚いた（マクダイアミドさんは八十近いが、それでも現役である）、日本ではそんなに早く定年なのか。中国の吉林大学に教授のポストを作るから、是非そこへ来てくれ〟、と云っている、と云うメールが来たんですね。アランさんはノーベル賞をもらってから世界数ヶ所の大学や研究所に研究センターができて、そこでも活躍しているんですね。中国にもできていて、そこの大学の教授になってくれと云うんですね。お断りしたんですが。（笑）

ですが、要するに外国では使える人は何歳であっても働いて貰らおうと云うことなんですね。そう云う感じです。

私は本当に恵まれて感謝しています。いろんな方に恵まれています。

例えば、今日ここに江頭淳也さんと云う方が来られていますが、先程お話したプレベンチャーで何かやろうとしたとき、いろんなことでお世話になりました。何かお願いすると、〝エー結構ですよ〟と引き受けてもらえました。押

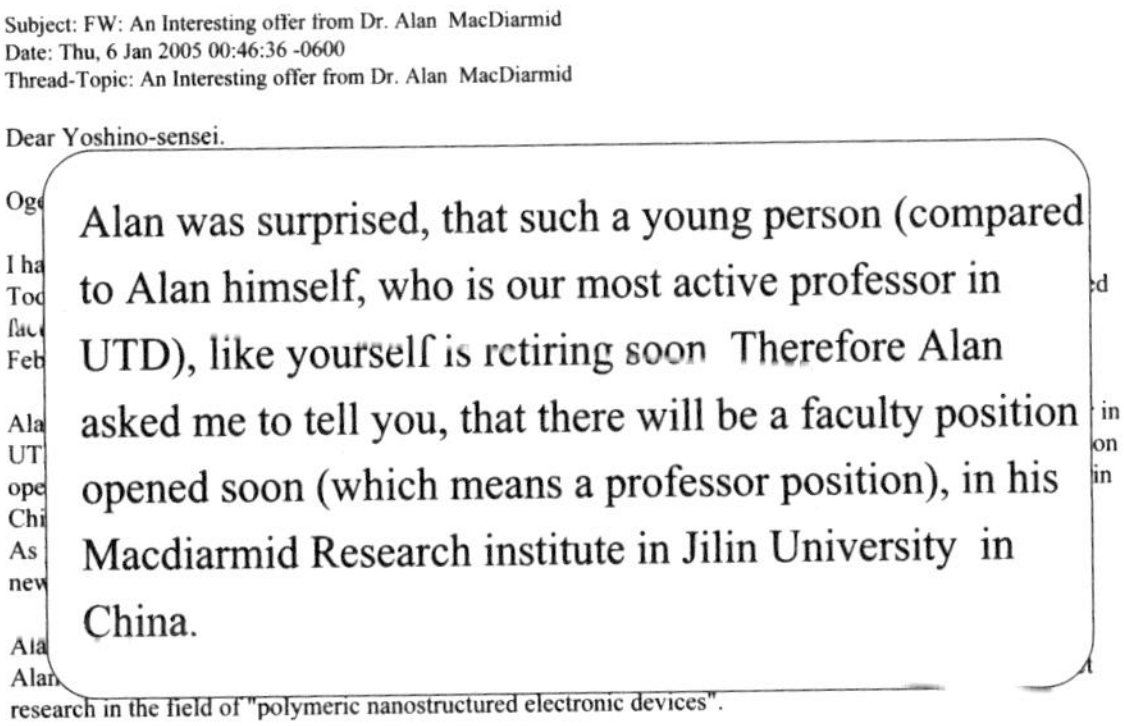
Subject: FW: An Interesting offer from Dr. Alan MacDiarmid
Date: Thu, 6 Jan 2005 00:46:36 -0600
Thread-Topic: An Interesting offer from Dr. Alan MacDiarmid

Dear Yoshino-sensei.

Alan was surprised, that such a young person (compared to Alan himself, who is our most active professor in UTD), like yourself is retiring soon Therefore Alan asked me to tell you, that there will be a faculty position opened soon (which means a professor position), in his Macdiarmid Research institute in Jilin University in China.

research in the field of "polymeric nanostructured electronic devices".

図181

田さんと云う方も，私の高校の同期生ですが，かれは銀行の部長さんもやっていましたので，ベンチャー会社の監査役として協力してくれることになりました。いろんな方々にお世話になりまして，

それから研究する上で私の場合石英器具は不可欠ですが，その関係ではやはりここにおられる片岡忠孝さんと云う方に凄くお世話になりました。例えば，昨日，石英のセルを学生さんが潰しまして，〝えらいこっちゃ，この卒業間際で忙しいのに，間に合うかいな〝，と思ってたんですが，片岡さんに連絡しますと，百も承知で，すぐに直してあげますよ，と飛んで取りに来て，今朝もう修理して持ってきてくれはりました。エーと，どっかに座っておられると思いますが。そう云う方々のお陰で仕事ができているわけです。

私，一方では大阪大学の低温センターのセンター長をつとめておりまして，概算要求と云う申請を出して国から大きな予算を貰おうとしました。低温センターの運営上長期的に見て非常に重要なわけです。ヘリウム液化機と云う凄く高価な大型装置を申請したんですが，恐らく当たらんだろうと周りから云われていました。大抵，一回目は当たらないし，大学からうまく出て文部科学省まで書類が行っても，その後財務省にまで行かないので，結局，国家予算に組み込まれないことが多くて，とても難しい，と云うんですね。ところが，それを出したら大学のほうでそれを皆さん非常に好意的にやっていただけて，大学を出て文部科学省へ行って，文部科学省も通って財務省へ行って，そこで関係する方々に随分いろいろとよくやってもらえました。お陰で，うまく通ったんですね。本当に有難く思っています。そのための資料作りや，準備たるや大変な作業ですが，百瀬さんや，二人の技術職員牧山さん，大寺さん，本当にこれらの人達のお陰でうまくいったわけであります。有り難いことに，工学部，大学の事務部の方々にも大変なお世話を頂いたわけです。

そう云ういろんな人に恵まれて，そう云う人に感謝しなければならないですね。まだまだ，感謝すべきかたがたはいっぱいおられて本当は具体的にお名前を云いたいんですが，時間がないので省略させて頂きます。皆さん本当に有り難うございました。

一・五　おわりに

今になると、〝ほんの少しでも役に立つと嬉しいな。喜んで貰えると嬉しいな〟、と云うのが私の気持ちであります。

もっとも、私のような小物でなければ、こんなことは一切意に介さずとも、〝幸せでした〟、と云うことでしょうが、こんなことで喜んでいると云うことは私が小物と云うことかもしれません。

これで、さっきの研究者のタイプのところに戻って考えて見ますが、この後、定年後どうなるか、と云うことです。私だったら、楽しむ人になろうと思っています。（図182）

研究者のタイプ

耕す人
種を蒔く人
水をやる人
育てる人
刈り取る人
収穫する人
処理加工する人
販売する人
がっぽり儲ける人
やれやれとけしかける人
何にもやらずうまく恩恵に与る人

楽しむ人

図182

一応、さっき話しました、ＪＳＴの支援でやってきましたプレベンチャーの仕事の仕上げとして、二つの会社を大学初のベンチャー企業として立ち上げました。株式会社大阪電子科学技術研究所と株式会社大阪光科学技術研究所の二つの会社ですが、これをメンバーの人二人に夫々やって貰うことにしています。彼らが一所懸命やりますので、私はそれが成長するのを楽しもうと思っています。

もうひとつは、ロシアの人が、こう云うプラズマ関係ですけど、こう云う論文を書いていています。（図183）私のアイデアでやられた仕事ですが、全部ロシア語で、論文書いていています。読めないけど楽しいですね。

これは中国人が中国語で書いていています。私の名前も中国語で書いていますので、私の名前の読み方も中国読みで、ジィー、イエ、シェンメイです。（図184）

これ韓国の人が書いたものですが、私の名前だけ漢字で書いてあります。（図185）

こう云う形で、いろんな言葉で書いてくれて、非常に楽しく思っております。

実は私が韓国語、朝鮮語で話したらもっと面白いですが、時間がないので、やめておきます。(爆笑)

今笑われた方は私の韓国語の挨拶を聞かれた方でしょう。最後に私いつも、次のことを話して締めくくりにさせて貰っています。

ともかく今、大学の人は本当に忙しいんです。特に大学が法人化されて、ますます忙しくなって、目が廻りそうなことでいっぱいです。そんな時に特に大事だと思いますのでここでも話させていただきます。

これ小学校の先生に言われました。

私の育った宍道湖のほとりの中学校で講演したことがあります、十年くらい前ですが、小学校時代の恩師、難波進先生と云う方ですが、阪大の偉い名誉教授の先生と同じ名前ですが、小学校の恩師です。この先生が講演が終わった後、お茶を呑んでいる時に云われました。

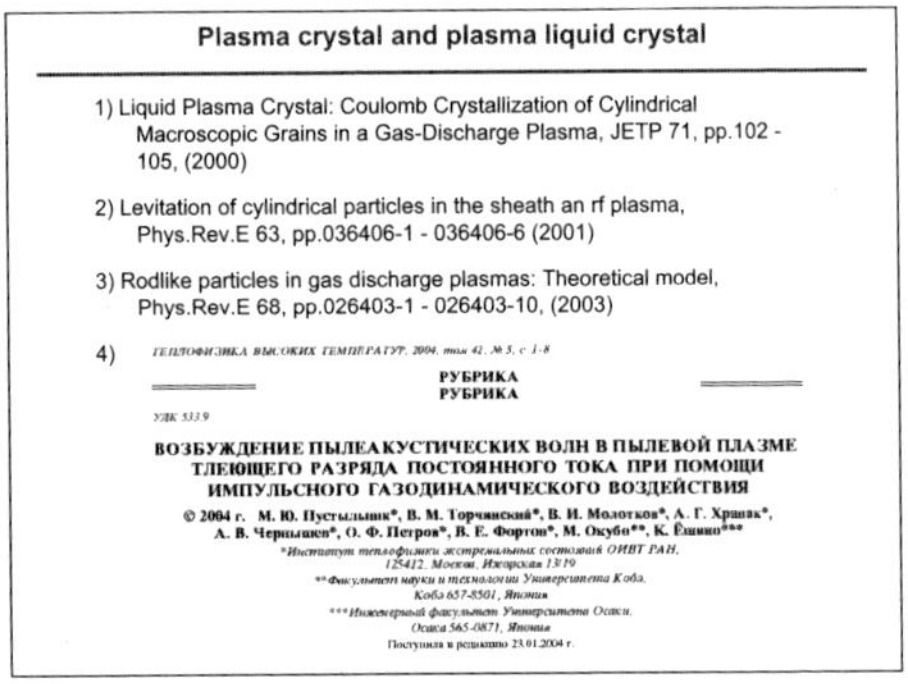
Plasma crystal and plasma liquid crystal

1) Liquid Plasma Crystal: Coulomb Crystallization of Cylindrical Macroscopic Grains in a Gas-Discharge Plasma, JETP 71, pp.102 - 105, (2000)

2) Levitation of cylindrical particles in the sheath an rf plasma, Phys.Rev.E 63, pp.036406-1 - 036406-6 (2001)

3) Rodlike particles in gas discharge plasmas: Theoretical model, Phys.Rev.E 68, pp.026403-1 - 026403-10, (2003)

4) ТЕПЛОФИЗИКА ВЫСОКИХ ТЕМПЕРАТУР, 2004, том 42, № 5, с. 1-8

РУБРИКА
РУБРИКА

УДК 533.9

ВОЗБУЖДЕНИЕ ПЫЛЕАКУСТИЧЕСКИХ ВОЛН В ПЫЛЕВОЙ ПЛАЗМЕ ТЛЕЮЩЕГО РАЗРЯДА ПОСТОЯННОГО ТОКА ПРИ ПОМОЩИ ИМПУЛЬСНОГО ГАЗОДИНАМИЧЕСКОГО ВОЗДЕЙСТВИЯ

© 2004 г. М. Ю. Пустыльник*, В. М. Торчинский*, В. И. Молотков*, А. Г. Хрaпак*, А. В. Чернышев*, О. Ф. Петров*, В. Е. Фортов*, М. Окубо**, К. Ёшино***

*Институт теплофизики экстремальных состояний ОИВТ РАН, 125412, Москва, Ижорская 13/19
**Факультет науки и технологии Университета Коба, Коба 657-8501, Япония
***Инженерный факультет Университета Осаки, Осака 565-0871, Япония

Поступила в редакцию 23.01.2004 г.

図183

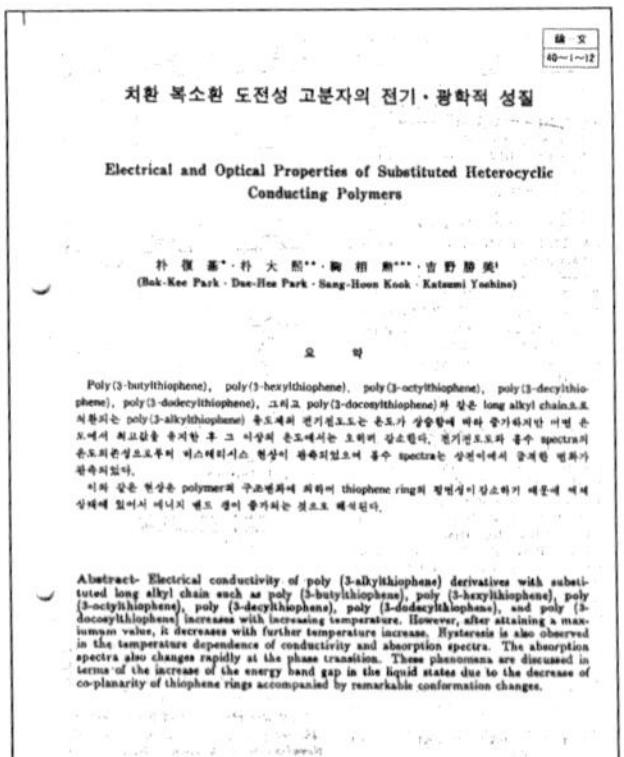
論 文
40〜1〜12

치환 복소환 도전성 고분자의 전기・광학적 성질

Electrical and Optical Properties of Substituted Heterocyclic Conducting Polymers

朴 福 基*・朴 大 熙**・鞠 相 勳***・吉 野 勝 美[†]
(Bok-Kee Park · Dae-Hee Park · Sang-Hoon Kook · Katsumi Yoshino)

요 약

Abstract- Electrical conductivity of poly (3-alkylthiophene) derivatives with substituted long alkyl chain such as poly (3-butylthiophene), poly (3-hexylthiophene), poly (3-octylthiophene), poly (3-decylthiophene), poly (3-dodecylthiophene), and poly (3-docosylthiophene) increases with increasing temperature. However, after attaining a maximum value, it decreases with further temperature increase. Hysteresis is also observed in the temperature dependence of conductivity and absorption spectra. The absorption spectra also changes rapidly at the phase transition. These phenomena are discussed in terms of the increase of the energy band gap in the liquid states due to the decrease of co-planarity of thiophene rings accompanied by remarkable conformation changes.

1. 서 론

図185

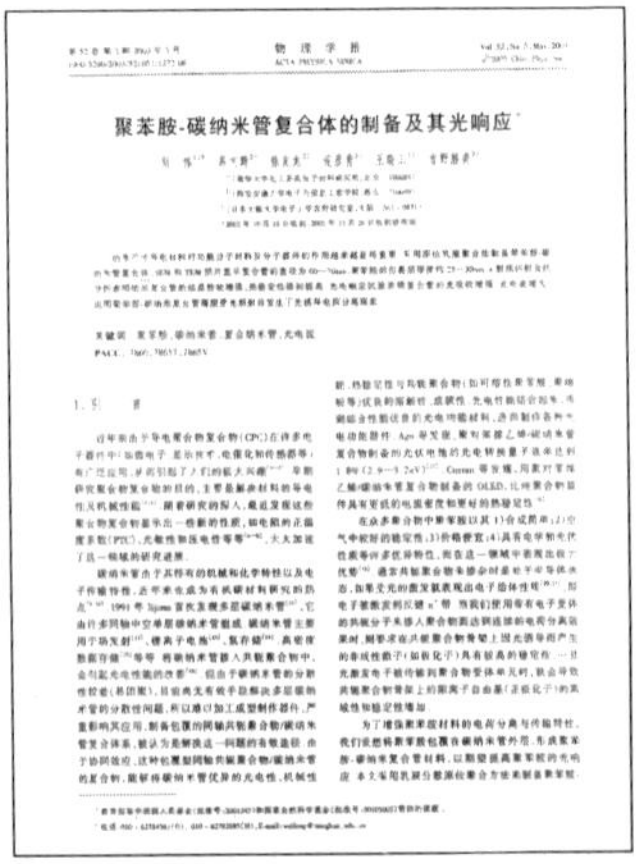
物 理 学 报
ACTA PHYSICA SINICA

聚苯胺-碳纳米管复合体的制备及其光响应

1. 引 言

図184

〃吉野君、あんた櫓を漕いだことあーかね〃

〃えー、あーますが、一寸コツがあって難しいですね〃

と云うと、その先生がおっしゃったですね。

〃難しいけんね、宍道湖で最初に舟を借りて漕いだときに、一箇所をグルグル廻わーだけだわね、ちっとも進まんわね。一所懸命漕ぐけどだめだわね。そげしたら向こうから舟で帰ってきた漁師さんに云われたけんね。〃そりゃいけんわ、お前さん、それじゃ、グルグル廻るだけでわね。お前さん櫓を見て漕いじょうがね。櫓を見ずに向こうの山見て漕いでみさっしゃい〃。そげ云われて向こうの山見て漕いだら、スーッと、真っ直ぐ進むわね。えらいもんだね〃

これはどう云うことかと云うと、舟を漕ぐときに私達は最初どうしても、ここの櫓を見るんですね、漕ぐのに精一杯だから。そうするとグルグル廻ります。ところが向こうの山を見て漕ぐとスーッと真っ直ぐに行く。ずっと前方を見てやると云うことがきわめて重要で、それで自然にいろんなもののバランスが取れて目標に向かって勝手に方向が定まっていくと云うことです。

特に研究とか教育とかいろんな面でも遠方を見て長期的な視点を持ってやらねばならない、と云うことです。そう云う意味で云いますと、法人化されて以来、余りにも忙しくなって、手元だけ見てやることになってしまいそうであります。非常に心配されるところです。

やっぱり、皆さん、どんな中にあっても遠方を見るよう努力してほしいと思います。

もう時間ありませんね。

うまく話せませんでしたが、本当は皆さんに話さないといけないこと、謝意を表さないといけないことがまだまだたくさんあります。しかし、これで時間もオーバーしましたので終わりにしたいと思います。ご静聴有り難うございました。

（拍手）

二　乙　酉

猛暑、台風、大洪水、大地震と大変な異常気象や自然災害にみまわれ、平成十六年は本当に大変な年であったので神頼みというわけでもなかったが、今年の正月、大阪天満宮にお参りしてきた。天満宮の宮司さんから招待して貰っていたからでもあったが、その招待状の中にあった絵馬の袋に今年の干支、乙酉（きのとのとり）の説明があった。乙は、寒い土の下で草木の芽がまっすぐに伸びかねている状態を表す象形文字で、次にパッと勢いよく伸び出すために身をかがめている状態を表す、と書いてあった。これを、種の中で殻を破り割って芽を出そうと勢いをためている状態、と云うこともある。酉は酒を醸造する瓶を示す象形文字で、酉には酒の瓶の中で麹が盛んに醗酵し、新しい勢力が爆発すると云う意味がある。従って、乙酉の今年は、これまで続けてきた事、努力に対し未だ抵抗が強い事を示すとともに、それらの障害を払いのけ、膠着状態を打破して、新しい方向に大きく踏み出して進めていく年、と云う事になる。

国立大学関係の方には、法人化されて以来、研究教育が将来うまく進められるかどうか不安になってくるほど、不必要と思われる業務も大幅に増え、多忙となって、大変な状況になってきたのを強く感じている方が多いと思うが、これを乗り越え良い方向に持っていく年である、そう持っていくべきであり、そうできると云う事である。液晶関係でもアジア諸国との競合、有機ＥＬ、プラズマディスプレイの大幅な進歩もあって、容易ならざる状況であるのも事実であるが、これが乗り越えられる筈であると云う事であろう。

こんな年に定年を迎えると云う事は、万事前向きに希望を持って再出発しなさい、と云う事かもしれない。約四十年にわたる研究生活を振り返ってみると、その中でいろんな事を学んだし、いろんな反省させられる事もあった事をあらためて思い知り、定年前の最終講義の中で話させてもらった。乏しい研究の経験から得た教訓の一部である。

○常識にとらわれない事が大事、○世界は広い、○餅は餅屋、○今が大事、○百尺竿頭進一歩、○同時に二つ以上の事をやっている事が役立つ事がある、○歴史は繰り返す、○失敗は捨てるにはもったいない、○弱点がおかげになる事が多い、○何でも否定的に捉えずに前向きに考えよう、○時にはアホになろう、○やり直しはきく、○何でも楽しくやるに限る。

この他、いっぱい学んだ事があるが、これらを肝に銘じ、定年後も少しでも研究に絡む事を何か続けたいと思っている。中でも液晶関係の事が特に面白く、多様でいろんな可能性があると感じている。何でも前向きに考えたいたちであり、そうできると云う事は、悪い事はすぐに忘れるたちであるからと云う事かもしれないが、それも良い、それが良いと明るい未来を確信している私である。

（日本液晶学会誌、〝液晶〟第九巻 第二号 巻頭言、二〇〇五）

三　夢はバラ色
―定年で振り出しに戻る―

平成十七年三月末をもって大阪大学を定年となり、フリーの身となったが、定年を迎えるに当たり色んな方から色んなことを云われた。

〝残念ですね、勿体ないですね、まだまだ活躍していただけるのに〟

〝仕事人間の先生大丈夫ですか、仕事無くなったらアウトですね〟

〝先生だったらまだまだあちこちから引く手あまたでしょう〟

〝これで後は悠々自適ですね、好きなことが出来ますね〟

〝岸和田へ引っ込んでしまわれたらお会いすることもないし、淋しいですね〟

〝生活大丈夫ですか、年金最近は随分少ないらしいでしょう〟

〝私も早く定年になりたいですね、どんどん定年の時の条件が悪くなるらしいですね〞
〝奥さん大変ですね、ずっと家にいたら奥さん困られるでしょう〞
等々、まあ色々云われるものである。
最後の言葉には単純に対応することにしていた。
〝毎朝、今まで通りに起きて、ＪＲ阪和線に乗って天王寺で環状線に乗り換えて、クルクル周り昼頃になったら天満あたりで弁当を食べるか、食事して、コーヒー飲んで、午後もまた環状線をクルクル周って、夜になったら帰りますか〞
それに対する答えも決まっている。
〝それは良い考えですね〞
ただし大笑いしながらである。
〝何で早朝に出るんですか〞
〝早朝じゃないと電車混むじゃないですか、電車で座って仕事するつもりなんです〞
そんなやりとりがあって定年を迎える直前、生産技術振興協会から、〝夢はバラ色〞というのを書けと云う話しが舞い込んできた。定年を迎えるというのにである。
もともと何でも前向きに考えるたちなので、これまでもいつもバラ色でやってきたが、それをよくご承知の電気工学の杉野教授が、〝恐らく今後も同じに決まっている、もっと大きく様変わりするかも知れない〞と気軽に話しを廻してきた可能性が高い。
ところが面白いものである、と云うか有り難いものである。平成十六年十月の末頃突然電話がかかってきた。電話の主は佐々木正博士。昼ご飯を梅田の新阪急ホテルで一緒しようと云う誘いである。実は、元阪大産研の所長だった小泉光恵先生を始め何人かの方から、佐々木先生のお知り合いの方から、佐々木先生が連絡を取りたいとおっしゃっていると云う連絡が入っていたが、小生が不在がちだったせいかもしれない、連絡が取れたのはやっとこの時、それも佐々木先生のほうから。

佐々木博士の経歴はよく知られているが驚くばかりである。

戦前からの仕事上での知り合い，友人が半導体と超伝導でノーベル物理学賞を二つも貰われたBardeen教授で、通産省におられて戦後すぐに調査、視察もあって渡米さた時、Bardeenさんの自宅に呼ばれ話し込んで、〝これからは半導体だ〟と意気投合、その後日本でいち早く神戸工業で半導体の開発に着手、人を求めて全国を廻ったが。電気工学の学生さんは全て売り切れ。東大の理学部の学生さんで残っていた人に来て貰って研究をして貰ったその人が江崎玲於奈博士。そこで江崎博士はトンネル効果を発見しその後ノーベル賞を貰われたのはあまりにも有名な話し。その後シャープに移ってそこで半導体、半導体集積回路IC, LSI事業、さらに液晶事業などを立ち上げ、副社長として牽引、定年とともに私財をなげうって自ら研究所、国際基盤技術研究所をスタートされるが、その間米国NASAで宇宙事業に関与され、今も社長、会長、顧問などを多数兼務される御年八十九歳でまさに東奔西走で元気そのもの。

〝吉野先生も、昼食ビフテキでいいですね、私は後すぐに東京へ帰ってアメリカ人に会わないといけないので、ビールは今日は控えておきますが、吉野先生はいいでしょう〟

それも凄く重い鞄を持っておられる。

〝重い鞄を持つのは運動の代わりですよ。筋肉が落ちたらだめになりますから、体も気力もだめになりますから〟

私も随分重い鞄を持っているが、それと余り変わらないくらいである。

〝吉野先生、定年ですね、来年。もうその後のこと決められていますか〟

〝いえ、話をしてくれる人けいますが、まだ決めていません〟

〝そうですか〟

その後色んな話しを一時間ほどして。

〝それじゃ、今日はこれで〟

と重い鞄を持って、東京へ向かわれる。

この方こそ、夢はバラ色、一生バラ色のようである。その時のその他の話題。

〝二十年ごとに新しい転機で仕事変わってきたんですよ〟

〝これからはサプリメントが大事ですよ〟

考え方がよく似ているとあらためて思った。もっとも行動力には大きな差があるが。

それから二ヶ月ほどたった夕刻大学に電話が入る。

〝吉野先生、ごめんごめん、あれからアメリカへ行ってつい二、三日前に帰ってきたところです。その足で島根県庁へ行って、机を一つ用意しておいてくれないかと頼んでおきましたから、そのうち電話があると思いますよ〟

と云うことがあって、その後島根県庁から電話があり、仲田課長さんが直々に来られ、島根県にご協力することになった。

地方が大変、地方財政が大変、地方交付税など税制が変わるので産業の振興がないとじり貧にって大変なことになる。地方切り捨てと云われることのあるように、政府の方針もあって地方は大変なことになろうとしている。こんな中、島根の産業振興のために一肌脱いでくれ、と云うことである。

小生そんな力があるわけではない、経験不足であると、説明し辞退したが、結果的には佐々木先生のご指名でもあることもあって、受けることとなり、四月以降島根県と大阪の二足の草鞋である。

島根は島根大学客員教授と島根県産業技術センター顧問である。色んな人に話すと、君の故郷だし凄く良いじゃないと云ってくれるが、本人は責任重大、他府県なら兎も角自分の故郷であれば極めて慎重にならざるを得ない。いつも次のことを云うと皆んなが大笑いしてくれる。

〝佐々木先生、凄い先生で、これまで江崎先生を始め多くの人を引き出し、神戸工業、シャープ、ローム、韓国の

三星など多くの企業の発展に大貢献されたが、最後に人選ミスされたみたいですよ、私なんか無力の人間を指名されて〃

もう一つというか、二つあって、平成十三年から三年間科学技術振興事業団（現在は振興機構）の支援の元でプレベンチャー事業として〃液晶による位置制御用精密測長器の開発の研究〃を行ってきたが、その成果として会社を設立する義務があり、㈱大阪電子科学技術研究所、㈱大阪光科学技術研究所の二社を立ち上げたが、これはメンバーに実務を任せ、会長という立場で大局的に見ていることになっている。

兎も角、こんなわけで定年とともに皆さんから云われたり、私が答えていたのよりも遙かに多忙な仕事を平行してやると云うことになってしまった。いずれも研究開発がらみで小生の好きな仕事に入るから、やっぱり、夢はバラ色であろう。もっとも、夢はバラ色、と云っても、もともと記憶力が悪く、夢はすぐに忘れるし、バラはきれいだなと見ているまにハラハラと散っていることが多いが、いつの間にかまた次の夢とバラを描いてしまう小生である。

何でも前向きに考えるたちと云うことは、何にでも興味を持つたちであると云うことであるから、それが産業技術センターに絡むことになったので、本来求められている領域を遙かに越えた色んな分野、内容に口を出して話しをしていると、やりたいことが次々と出てきてまさに夢はバラ色であるが、周りの人にとってはたまったものでは無かろう。

早朝から深夜まで働いて暇が無くてこそ吉野君らしいと云われる始末で、仕事を辞めたときはおしまいの時だろうなと云われることもある。これなど、佐々木博士の云われるように寿命限界まで生きて、生き生きと仕事して、パタッとこの世とおさらば、まさに理想に近いのかもしれない。夢はバラ色である。

定年とともに、はめられていた〃たが〃がはずれたようで、夢はどんどん広がり手に負えなくて爆発しそうである。どうも、定年で振り出しに戻ったようである。気がついてみると、大学出たての頃のフレッシュな気持ちになっているような気がする。大学どころか、素直で、なんにでも感心を示し、なんにでも感動するもっと小さな子供の頃に返っているような気がする。定年はここで終わり、出口であるのではなく、振り出しに戻ると云うことのようである。もう一度やりたいことをやるチャンスであるようである。もう一度改めてバラ色の夢を追いかけれると云うことである。

まず島根で与えられているミッションを果たすことは当然として、このミッションの他、と云うよりもこの中に持ち込んでやりたいと思っていることを少し話しておかないと、バラ色の夢の具体的中身を全く話さないことになりそうなので、少しだけ触れておこう。

本当にやりたいのは、自然に絡むこと、美しいことであり、自然環境との絡みからもC, H, O, Nなどからなる有機物質に基盤を置くエレクトロニクス、オプトエレクトロニクスであり、生物、生命に学び自然と調和するもの、美しいものをやりたいと云うことで、ナノ構造、フォトニック結晶など様々な新しい概念に絡むものである。ところが、そのほか生物、生命そのものに絡むことにも興味が広がってしまっている。

ところで、こんな何んにでも興味を持って走り回っている小生は家庭にとっては不在が当たり前の存在であって、大事なときに役にも立たず、あてにも出来ず、家族はたまったものではなかっただろう。定年後を期待しても、やっぱり、そのままがっかりかも知れないが、いつも上、前を向いている性格はどうしても治らないようである。

もっとも、八卦見、占いの人によると、私と私の周りの人は一生お金に困らなくて、働いていないとだめ、と云うことらしい。私はしてみると、敷かれたレールの上をひたすら走ってきて、これからも走ることになりそうである。

この拙稿はリスボンへの機中で書いているところであるが、実はこれを書きながら、頭の片隅では〝あれをやったら面白い、あれでこんなことが可能となるかもしれない、この期待が大きいからこの人に話してみよう、日本に帰ったらすぐにあれをやろう、あれを云おう、あそこに云おう〟、ときりがなくて、あれしたら面白い、あれをやった人はいないに違いない、などと次々と色んなことが浮かんでくるので、早く日本に帰りたいと云う気持ちが強くなってきて、夢はバラ色の原稿に集中できないが、頭の中はいつもやっぱり〝夢はバラ色〟であるようである。

（生産と技術　第五十七巻　第四号、二〇〇五）

四　舟は向こうの山見て漕げ

低温センター長に就任した時、小生の任期中にすべき最大の仕事は、大学の研究、教育の進展のため、長期的に安定して、安全に液体ヘリウムが供給できるよう、大型の液化機を導入することであることをすぐに悟った。幸いなことに関係各位の多大のご尽力、ご支援により一回目の概算要求で設置が認められ、安心して定年を迎えることが出来た。勿論、最終的に定常的に稼動に至るまでには更に多くの方の努力が必要なことは云うまでもない。

実は、この定年までの数年間やはり大阪大学の人事労務の仕事を勤めてきたが、法人化に伴って大学に所属する教職員の身分、環境が激変する中でその基本的形態、基本的あり方を決める必要があり、これまた大変に荷の重い、また忙しい任務であったが、なんとか勤め上げることが出来た。その過程で大学教職員の置かれた状況が非常によく理解できたので、下手をすると大変な事態になると云う気がしてならなかった。法人化されて一年、二年と経つに従って各人が身にしみてその大変な困難さを感じているに違いない。ともかく、途方もなく多忙になって、落ち着いて何か仕事に取り掛かると云うことが非常に難しくなってきたのである。次から次へと求められる報告、提案、評価に追われ、一方では高いレベルの研究、産業界、社会への還元、貢献など様々なことが求められる。しかも当然の大学の基本的な使命として、将来の日本、世界を支える若い学生の教育、指導をないがしろにしてはいけなく、新しい考え方をとり入れて益々充実することが求められているのである。殆どの人が目が廻るほどの忙しさに違いない。

勿論、民間企業などのおかれた立場、状況からすると、国立大学、そこで働く者にとってもこう云う状況で当たり前であると云う意見が強かったのは明らかであるが、これで本当に日本の将来のためにいいのだろうか、と云う気が、当時もしていたが、今、益々その思いを強くしている。

大学法人化が正しい選択だったかどうかは歴史の中でやがて明らかになろうが、法人化の真の目的がなんであったか、少し疑念も抱いている。しかし、大学人はその考え方、スタイルを大きく自ら変えることが避けられない状況となっている。

大学は非常に小さい組織ブロックの集まりであり、各ブロックが互いに独立である。実際には各ブロック内で教育研究の殆ど全てをこなさなければならず、しかも、その構成員数はドンドン減少している。民間企業では進展している部門では所属する人数はかなりのものになり、その中で仕事の分担、命令系統による指令が円滑に行われる形になるようにはかられている。即ち、各セクションの内容、規模と役割、他組織との境界、統廃合がフレキシブルで弾力的である。大学ではこの命令系統で動く組織の大きさが非常に小さい場合が殆どで、従って各人が全てをやらざるを得ないという状況になってきているのである。しかも、各セクションの規模が縮小する上、境界が硬直化している。掛け声の上では協力体制を進める、一体化するといいながらそれは非常に難しい。しかも、各人の権利意識が極めて強く、もちろんそれが大事で、尊重すべきことも多いが、権利というよりも既得権益化しているような面が結構ある。それはいったん退職して従来と異なった社会環境におかれ、今まで以上にいろんな立場の人達との接触が多くなるにしたがって益々よく分ってくる。

このような状況を変えろ、と云う各方面からの強い外力がかかっていると考えられ、それには当然の面もある。現在の大学人に同情することしきりであるが、ともかくこうなった以上、それを梃子に、あるいは最大限生かして自ら新しく展開を図って、むしろこれをプラスに転化することが必要である。

早晩、組織、勤務形態などすべての面で民間型に変わっていかざるを得ないのは間違いない。資金的に動けなくなってしまうのであるから、仕事の境界、縄張りが弾力化するだろう。それにはある程度当然と思える面もあるが、今はどう考えてみても、形式的な面の充実を図ると云う仕事で余りにも忙しい。また、資金稼ぎですぐに役立つ、また、資金が出やすい課題の研究にたくさんの人が集中して、上滑りの近視眼的とも云える仕事が評価されると云う兆候が既に現れてきているが、これが大学の、ひいては日本の将来のためにいい姿だろうかと、特に強く疑問を感じている。長期的視点で、五十年後、百年後の技術、社会、日本を支えうる基盤を育て築く多様な教育研究を絶対に軽視してはいけないと云う思いを強くしている。低温研究もまさにそうである。今回の巻頭言も、いつも述べる〝舟は向こうの山見て漕げ〟で閉じることにする。

舟を漕ぐとき、どうしてもやりがちであるが手元の櫓を見ながら漕いでいたのではクルクル廻るだけで少しも前に進まない。向こうの山を見て漕ぐとスーッと真っ直ぐに進むものである。

勿論、漕がないようでは論外であるが、しっかりと未来を見据えて、長期的視点を決して失ってはいけないと云うことである。

（低温センターだより　第一三二号　巻頭言、二〇〇五）

五　平成十七年新年交礼会

明けましておめでとうございます。

今年度は電子工学の順番ということで私がご挨拶させていただきます。私が最年長であると云うことの証拠はこの三月定年ということであります。ところで、特に昨年四月大学が法人化されて、即ち、国立大学法人大阪大学になってからは大変な状況になってきたことは皆さん身をもってご認識されていると事だと思います。去年までですと、〝定年だそうですね、残念ですね。先生は心身ともすごくお若くて、まだまだいけますのにね〟などと云われたんでしょうが、今年は違いますね。定年を〝定年だそうですね、よかったですね〟、〝うらやましいですね〟などと云われることもありますが、私も〝もっと早く去年か、おとどし定年だったらもっと有難かったんですがね〟なんて答えてますからね。別に定年が嬉しいわけではないですけど、とにかく大学は大変なことになってきたというのが正直な気持ちです。

昨年は本当に大変な年でした。大変な自然災害がありました。ものすごく暑い日が長い期間続くと思うと、すごい台風が何度も何度も日本を襲いますし、大洪水も繰り返すと言う異常気象ですし、火山はある、新潟の大地震はある、しかも年末にはマグニチュード9という巨大地震と未曾有の常識を越えたような巨大津波と、大変な天変地異です。津波の直後テレビで、何人無くなった、どこそこで何十人亡くなったというような報道が出始めましたとき、周りの人にあんな津波で、何十人、何百人どころか、五万人以上の死者、日本人だって数百人以上の犠牲者があの地域ならある筈と思うな、と云っていましたが、残念ながらその通りになってきたようです。どうやら我々の常識を越える天変地異が起こり始めているようですが、これも人間の身勝手な振る舞いがもたらしたものと云えるかもしれません。勝手なむちゃくちゃなことをやる人間に対する自然からの復讐かもしれないと云う人もいます。しかし、もともと我々の常識を越えた大地殻変動が起こって当たり前と云うことかもしれません。気温が六〇度以上、マグニチュード一〇以上の地震、風速一〇〇メートル、二〇〇メートルの台風、小松左京の日本沈没ではないですが、桁違いの信じられないようなことが起こってもおかしくないのでしょう。我々が持っている常識が勝手に自然の猛威にある上限があるような思いを設定してきた可能性が高いですね、不安もありますから。実際には人間の存在が塵芥（ちり、あくた）程度にしか見えないような超巨大な変化が地球上で起こって当たり前と云うことでしょう。

一方、社会現象を見ても、頻発した少し昔風な感じがしますが練炭での集団自殺、子殺し、親殺し、年末の奈良での少女の虐殺、従来の我々日本人の常識を越えた残忍な殺人などとんでもない状況になってきています。もちろん日本が閉じられた国でなくなってきたための常識を越えた犯罪、その影響が入ってきたと云うこともあるでしょうが、ともかく、人の命を大事にしなくなりました。こうしたらどうなるだろう、どんな気がするのだろうかと、人の気持ちや結果を推し量る想像力がまったく欠落し始めているような気がします。少子化がどんどん加速されてましが、とにかく男女とも子供をあまり作りたがらない、これもある年齢に達したときの自分の状態、日本が、社会がどうなるかというようなことの想像がまったくされなくなっているからでもあるように思います。日本人自身の当たり前に持っていた常識、社会通念と云いますか基本的なところが崩れ始めてきていると思います。それには教育の問題がよく云われているように非常に大きな影響を与えていると思います。勿論、我々もその教育の非常に重要なところを担っていますが、モラルなどを含めて小学校、中学校の教育の問題が非常に大きいと思います。前から私を含めて批判していた方が多いと思いますが、あの極端な平等教育、ゆとり教育などと云うとんでもないまやかし、文部省の責任は重大ですが、それを先導したそう云う方向づけをしてきた人たちが全くナンセンスだったわけです。おかしな事にゆとり教育はまずかったかも知れないと云うような一般的な反省の言は聞かれるようになりましたが、具体的に誰が責任があると云うようなことはいっさい触れられません。普通もっと小さな事でもすぐにマスコミが猛烈に批判、政府、個人批判をしますが、それが具体的にほとんどない。これはマスコミ自体がそれを先導してきたと云う面が非常にあるからと思われるからです。

戦後六十年たちました、人間で云えば還暦で、あらためて人生を0からやり直すくらいのことが必要でしょうが、同じように教育も基本に立ち返って仕組み方法を基本から考え直すことが至急必要です。太平洋戦争で負けた後日本はアメリカに好きなようにやられました。戦前のものは全て悪い、悪であったと否定し、日本の伝統を断ち切り、歴史を疎んじ、若者の自信、誇り喪失に繋がるような内容の教育、それを一部の政党、マスコミが必死になって近隣諸国をも巻き込んで進めてきた結果が今の状況に繋がっていると云えると思います。小生、以前からそう云っていましたが、やっとそんなことに気がついた人が増え、大きな声をして云うことが出来るようになり始めたように思います。私の名前が勝美だからそんなことを云ったり、思ったりしているんではありません、勝美と云うのは中国人に云わすとアメリカに勝つと云う意味だそうなんですが。アメリカの立場だったら戦争後は当然そうなって欲しいと思っていたはずですし、その結果どうなるかはちょっと想像力のある人だったら誰でもわかることだと思います。

ともかくこんな大変な、いやな自然環境、社会状況になってきたからの神頼みからと云うわけではありませんが、この新年正月三日に大阪天満宮にお参りしてきました、良い年になりますようにと。実は、殆ど毎年お参りしておりまして、天満宮の宮司さん寺井種伯さんと云うのですが、その寺井さんと親しくお話しすることがありますし、また宮司さんの奥さんが私と同じ出雲の方、もっとも奥さんは出雲大社の宮司さん千家さんの娘さんで、出雲の国造から繋がる名家の方ですが、そう云うわけで毎年招待状が来ることもあって行っているわけです。今年送られてきた一式の中に入っていた絵馬の袋に面白いことが書いてありました。これは皆さん多くの方がご承知の所だと思いますが、ここに持ってきていますので、それに関連してまず少しお話を致します。要するに今年の干支に関する説明です。

今年は　いつゆう　乙酉、いわゆる　きのとのとり　の年ですが、これはどう云う事を云った年かと云うことです。

きのとは　乙、甲乙丙丁の　乙　と書きますが、これは寒い土の下で草木の芽がまっすぐに伸びかねている状態を表す象形文字で、次にぱっと勢いよく伸び出すために身をかがめている状態を表す、と云う意味のことが書いてあります。同じことですが、私は別の説明の仕方を聞いていました。別の云い方では、種の中で今種の殻を破り割って芽を出そうと、勢いをためている状態と云うこともあります。また、とり、は鳥、鶏や飛ぶ鳥、と書かずに　酉　と書きます。これは酒という字のさんずいの無い字ですね。この酉という字は酒を醸造するカメを示す象形文字です。ですから　酉　には酒カメの中でこうじが盛んに醗酵し、新しい勢力が爆発するという意味があります、と書かれています。ですから、きのと乙と　とり酉　が結合する本年は、これまで続けてきたこと、改革に対して、未だ抵抗が強いことを示すとともに、それらの障碍を払いのけて、改革創造の歩みを進めるべき年と云うことになります。

ちなみに、昨年の干支は何だったかというと、こうしん　甲申　きのえのさる　でしたが、この甲申は、それまでの膠着状態を打破し、新しい方向を進めていく年　と云うことでした。

こうしますと昨年の甲申、今年の乙酉、はまるで　我々の状況を指しているようであります。昨年、大学が法人化されて、障害がいろいろあっただろうが、今年それを打ち破って大きく羽ばたき始める年である、そうすべきであると云うことになるようです。

ところが皆さん、法人化されてとんでもないことになってきた、と感じておられるのではないでしょうか。法人化されていろんな拘束がはずれて自由に思ったように何でも進められると期待されていたところが、逆にむしろ全く動きづらくなって、法人化前より動きにくくなってきた、自由に動けない、とてつもなく書類が多くなって忙しくなってきた、お金もなくなってきた、なんだか、お先真っ暗、こんな事をしていていったいどうなるんだと感じている方もあるでしょう。そもそも法人化自体が大きな間違いだった可能性が高いですが、残念ですが今更どうにも元に戻せません。明治十年に帝国大学が初めて出来て以来、戦後の学制改革、最近の大学院改革など色々ありましたが、これに比べて今度の法人化は極めて大きな本質的な変化であります。国家の行く手に影響を与えかねないと思います。当面様々な問題が発生するはずですが、ともかく、これは我々自身が解決し、これを変えないと行けないわけです。

私不本意ながら本部で人事労務関係の仕事もやらされていますから、問題点がよーく分かります。云えば大きく自己規制している面があります。いろんな事を想定して問題が起こらないようにしようとしますと、逆にがんじがらめになっていってしまいます。小生人事労務にいながらもっと規制ゆるめろ、自由に自己責任でやらせろ、と云い続けていますが、リスク管理の問題と云うことになります。法人化してあらゆる事が始めてであり不安もあるためでしょう、リスクを0としようとする傾向があり、するとどうしてもがんじがらめになりますから、どのようにリスクを考え、リスクを0にすると云うより全体として最適化するからと云うことを役員ももっと考えないといけない、と云う立場を私はとっています。

最初、特許など、知的財産は全部大学のものとする　と云うナンセンスなことになっていまして、そんなんでは企業がそっぽを向きますから、私随分反対しまして、結果的には大学が継承しないものは企業と折半にしても、個人のものとしてもいいと云うようなのになったはずです。大体、特許をたくさん書いたこともない人が、大学が特許でたくさん儲かるように錯覚して原案を作っていますからとんでもない話しだったわけです。

さらに、教員自体、また事務系の方自体、これまでの国家公務員的習性、発想、対応からなかなか抜け出せなくて、必要以上に悪い方向に自己規制をかせてしまっていると云う面もあるように思います。

例えば私自身こんな事を経験しました。さっき云いました人事労務に関係することです。最近、特に大学の社会貢献、産学連携、大学の科学、技術、産業へのさらに積極的に貢献が求められ、大学内に閉じこもっていては困る、新しい科学技術でどんどんベンチャー企業を輩出する積極性が不可欠だと云う声が強いです。小生自身も四年ほど前科学技術振興機構のプレベンチャー事業に応募してプロジェクトを始め結構大きな予算を頂き三年間研究を進め昨年九月終了しました。と云うことはベンチャー企業を立ち上げる義務が生じます。最初は定年後四月以降と思っていましたが、諸般の事情からこの一月、二月のうちに立ち上げることになり、メンバーの二人に社長になってもらって、二つの株式会社を立ち上げることにしました。小生取締役という立場になりますから、兼業許可を大学からもらう必要があります。小生人事労務にいますからいろんな問題が予見できますので、あえて障碍が出る可能性があるのを承知で申請書を出しました。すると案の定、工学部、本部の事務局から云ってきました。次のようなやりとりになりました。

「会長は困ります。そんな重要な責任ある立場になってもらっては困ります。それであれば大学は休職してもらわないといけないと思いますから、取締りにしてください」

「何でいけないんですか。代表権を持たないしかも非常勤の会長で、月に一、二回土曜日に二時間程度の会議に出るだけでなぜいけないんですか」

「大阪大学にこれまで社長や、会長はありません。そんな責任あるのでは許可出ません」

「そんなことを云っているから大阪大学からは社長が出ないんでしょう、非常勤で本務にも影響ないどころかむしろいい効果がある上、給料も全く出ない無給ですよ。問題があるはず無いから、提出します。受け取って下さって役員会にかけてください。それで否定されたら考えます」

私としては、しかも、大阪のため、あえて今風のカタカナあるいはアルファベット表現の会社名じゃなくて、あえて少し古めかしい、〝大阪電子科学技術研究所〞と〝大阪光科学技術研究所〞と云う名前にしているのに、と云う気持ちもありました。

ともかく、一旦受け取ってもらえましたが、直後にまた連絡が入りました。

「二つの会社同時に役員は困ります」

「何で困るの。科学技術振興機構の援助でやってきた研究が成果を結び、しかも本来の目的の成果とそれから新しく派生した大きく発展する可能性のある成果が出てきたのでその両方を生かせるよう二つの会社を立ち上げるのでその二つの会社の役員を同時にしてなぜいけないのか分からない。説明責任が果たせないことをやるのはそれは良くないだろうがちゃんと説明責任を果たせるのにそれまで自己規制する必要はないでしょう」

と云いまして、会長になる理由書と、二つの会社の役員に同時になる理由書を書いて届けましたが、その結果、

「受理します。我々どうしても国家公務員時代の習性と云いますか、仕事の対応の仕方が抜けきっていませんので、色々気を回して心配する癖がありますので済みません」

と云って、受理してもらえて、結果はすぐに認可されました。

これは一つの例でして、単に事務の方だけでなく、我々教員も無意識のうちに自己規制がかかっていますから、思ったことはどんどん当たっていくことが必要だと云うことです。

以前ですと、学部から、本部、文部省とだんだんどうなっているか分からないところで取り扱い、処理されて、常識と違う結論が伝えられてきましたが、法人化された結果、かなりの所は大阪大学内で決済されますから、皆さんの意向も伝わりやすくなっているわけです。積極的にどんどの発言、発信して欲しいと思います。本当の民間企業と大学には本来使命、目的に大きな違いがありますから、やはりその運営には結構大きな違いがあって当然で、皆さんの考えがある程度反映される可能性を持っていると思えます。企業の持つ日的、使命と比較して、研究、開発、教育、人材を育てるなどの遙かに複雑で多様な使命も持っている大学では、上意下達で、全てがうまくいかせることは、正直云って総長さん、役員さん、それを支えるスタッフ、参謀の人を含めて、自信を持って、長期的に正しい方自分の方がもっと能力があり、目も確かだと思われていると思います。

長くなりますので、もう一つのことを云って終わりにしたいと思います。

私いつも学生せいさんに最後に話すことにしていますが、ここで云うのは大変失礼かと思いますが、述べさせていただきます。

私さっきはなしましたように出雲の出身でして家は結構大きな宍道湖のすぐ横にあります。その小学校の恩師が小生に云ってくれた言葉で、小生自身実際に経験して良く知っていることです。要するに宍道湖で船の櫓をこぐ時のことです。先生の言葉で云います。

「吉野君、櫓をこぐのは難しいね。」

「はい、結構難しいですね」

「最初、ここに来たとき宍道湖で船を借りて櫓をこいだときちっとも進まずくるくる回るだけだったですよ。そうしたら船で帰ってきた漁師さんに云われたけんね。〝おまえさん、櫓を見てこいでるがね、櫓を見ずに向こうの山見てこいでみなさいよ〟って。えらいもんだね。云われたとおり櫓の元を見ずに向こうの山見てこいだらまっすぐスーと進んだけんね」

その通りなんです。〝舟は向こうの山見て漕げ〟と云うことです。

何でも手元を見てそこだけ見て一所懸命もがいてもだめで、遙か彼方に視点を置いてやるとスーとうまくいくと云うことです。最近、今すぐ役に立つことなど直近の成果を追い求めがちですが、長期的視点を失ってはだめだと云うことです。

今年の始まりの今日、皆さんも是非、少し将来のことをずっと見据えて考えてみてあらためて今年一年の仕事に取り組んでいただけたらと思います。

もう一つお話しさせていただいておこうかと思います。それはさっきの子供、学生さんのことに関連することですが、我々自身にも関係することです。

最近学外は勿論ですが、学内で、さらには廊下ですれ違った学生さんが挨拶、会釈をしなくなったことです。講義だけではなく、個人的に話しをしたことのある学生まで会釈もしないのがいます。私の研究室の学生さんには知っている先生、近くの講座、学科の先生、お客さんに会ったら必ず会釈をしなさいとうるさく云っていますから、おそらくうちの研究室の学生さんは全部ではありませんがある程度は先生方に会釈をしてくれているのではと思っています。

勿論、学生さんの気持ちもある程度分かります。多分先生は自分を覚えておられないだろうと思っているでしょうし、それに私自身学生だった頃、それに助手、助教授だった頃、教授の先生、助教授の先生には挨拶、会釈をするように心がけていましたが、何人かの先生は挨拶しても知らん顔、気がつかなかったような顔、と云うより無視して通る教授、時には助教授もいました。そんなとき、〝なんやこの中味が無くて偉そうにしかできないアホな小物のおっさん〟と内心思っていました。（そんなことを思う私自身も小物だったということでしょうが）。そんな同じような思いがもしかして今の学生さん若い教員の中にはある人もあると思いますが、それにしても社会人、社会の中の責任ある人間の基本中の基本として挨拶くらいしっかりして欲しいと思います。

小生、うちの学生さんにもあらためて、知った先生やお客さんに会ったら最低限会釈をせよと云うつもりですので、先生方もそれぞれの研究室の学生さんに同じように云って欲しいと思います。特に、あの電子の頭の薄い吉野教授はうるさいからやっとけよ、と云っておいてもらっても結構ですよ。勿論、学生さんが挨拶をしたら先生方も軽い相づちをうってやって欲しいと思っています、宜しくお願いします。

これから余りお話しする機会もないかと思いますので、この場をお借りしてお願い申し上げました。どうか今年が素晴らしい良い一年になることを祈念して挨拶とさせていただきます。どうも長い話しで失礼を致しました。

（平成十七年一月五日　新年交礼会 電気系代表挨拶）

六　独り言

平成十七年三月をもって、四十年近く勤務した大阪大学であったが、いよいよ定年を迎えることになった。大学に勤務する者にとっての任務は教育と研究であるが、この四十年間に教育と研究両面とも大きく様変わりしてしまった。筆者が主として関与してきた研究のテーマはまさに電気電子材料技術であるが、教育もこれを通じて行ってきたと云える。

大学に入学した当時のエレクトロニクスの主役は真空管であり、ディスプレイはブラウン管であった。それが半導体の研究開発の驚異的な進展に伴って、真空管はIC, LSIにとって代わられ、さらには有機材料を主体とするエレクトロニクスデバイスが重要なものとなり始めてきた。ディスプレイに至っては液晶が主役になって、さらに有機ＥＬなど有機物質を使った多様な展開が始まっている。これらは全く動作原理を異にしている。また、日本を代表し牽引役となる産業分野も大きく変遷し、主役が交代している。

一方、産業界の状況、世界における日本の立場、位置付けも大きく変化し、相対的な力はかなり低下してきている。日本の指導者、特に政治指導者に長期的視点、グローバルな視点が不足していたこともあるが、さらには野党、マスコミにおいても米国の支配下、庇護下でやっと成り立っていた日本の現実を直視することなく、いたずらに理想論を掲げ、幼稚な性善説に基づくような発想で厳しい国際現実を無視して批判に終始してきたことの弊害がすこぶる大きい。経済面で云えば、プラザ合意以来世界のルールの変更、環境、資源の限界と制約、人、市場の変化、交通手段の変化と大量、高速輸送技術の進歩を含めて世界地図の変化、ＩＴ技術の革命的進化があった上、主としてアメリカのグローバル政策に引っ張られて世界が大きく変貌する中、日本が上手にうまく対応してこれなかったと云うことだろう。むしろ主導的に日本有利に展開するのが本筋で、やはり政治家の国際的センス、力量不足の感が否めない。

しかし、何といっても問題なのは教育である。スピリット、責任を充分に自覚し、生きがい、全力を傾注する嬉しさ、有り難さを知らせ身に付けさせる教育がなされず、日本の、日本人としての誇りを抑制するような教育がはびこってきたことによる弊害もすこぶる大きい。長期的に見るとこれこそが大問題である。

この四十年来、大学生、大学院学生に直接接してきたからよくわかるが、学生の考え方は年とともに大きく変わってきている。しかし、基本的能力そのものには余り変わりは無いが、その能力が充分に引き出されていない、育てられていないと云える。自らの能力と責任を充分に感じて全力を出し、人、世のために尽くすと云うスピリットが育てられていないと云うことが問題である。いったん責任と、誇りを持った学生のやる力はやはり凄いものがある。そこさえ回復すれば日本の行く末はまだまだ期待が持てる筈である。

また、最近、国立大学は法人化され、地方分権、自己責任などが盛んに論じられ、各種の組織、地方自治体の自立が求められている。基本的には国家財政が破綻に近づいてきたことによるものであり、政治家の責任は免れないような気がする。例えば大学の法人化は避けられない道かもしれないが、大学の現場の混乱ぶりを見ると、真に良い方向だったかどうかは微妙な気がする。その微妙な時期に大学を去るのは申し訳ないような気もするが、ホッとしたところがあるのも事実である。

定年後はいろんな方のお陰で、島根県産業技術センターと島根大学で仕事をさせていただくことになり、四月から週の半分くらいは任務に付くことになる。恐らく、地方分権、自立と云うことでは、地方財政がそうでなくとも逼迫していることを考えると結局地方が生き残るためには産業を振興し、雇用を生み出すと共に、税収入が増えるようにせざるを得ないことになる。そのため、即ち、島根の産業創成、育成、活性化のために働いてくれと云うことであると思っている。小生にその力があるかどうかは別として、可能な限り精一杯頑張るつもりである。

地域活性化のためには地方自治体の政策立案者、その関連部所などに提言をして、あるいは地域企業経営者に助言をして引っ張る、新しい産業の芽を生み出し、企業化の支援をする、さらには学生、若い人達に誇りとスピリットを持たせ次の担い手を育てることが期待される仕事であろうが、恐らく小生の立場であればこの四つ目のところが少し貢献できるところのような気がする。すなわち、科学技術を身につけ、地域を知り、歴史を知り、世界を知り、技術、世界の流れを知り、経済的知識、センスを身につけ、自分を知り、人と調和し、リードする力を付け、郷土に誇りを持ち、愛する、強いスピリットを持つ学生、若者を育てることであると思う。

島根のことを考えてみると、さまざまな弱点と云うか、不利な点がある。例えば、島根県は人口、特に若年層の人口が少なく、高齢者人口が多く、山間僻地が多く、人口密度が低い、住民も温和で慎重な性格の人が多く、既存産業、企業が少なく、雇用需要も少ない、高等教育機関が少ないことなど随分たくさんあると見られている。しかし、不利と思われることも考え方を変えれば有利になる、と云うこともある。たとえば地域が小さく人口が少ないと云うことは、自分の位置付けが分りやすく、生きがい、やりがいを見出しやすいと云うことになり、地方ならではの利点と云うことも出来る。その他すべての弱みと見えるところに利点を見つけることが出来る。

このような苦境は何も島根県だけではない筈である。高度成長期以降、バブル期からの流れで海外への生産現場、さらには開発現場の流出が続いて、国内の空洞化が進み、日本、とりわけ関西はもちろん全国殆どの地方は大変な状況にあると云えると思う。しかしこのような不利な点、逆境は逆に見方を変えると様々な新しい可能性を見出すチャンスを与え、大きな飛躍をもたらす可能性を持っていると思える。

若い人に情報、ソフトを指向する人が多いが、それらが魅力的で重要であることは云うまでもない。しかし、日本の一億三千万人にも上る人口を支えるのに、ソフト産業だけでは今のような生活レベルを保ちながら発展させると云うことは至難のわざと思える。あくまでも、いろんな物の生産をする産業が基本でなくてはならず、そこにソフトとの融合があってさらに面白いものをもたらす可能性がある。したがって、あくまでも材料技術が今後とも日本を支える重要な基盤の一つであると思える。小生、見かけによらず楽観主義者であり、どんな状況下にあっても電気材料技術の未来は明るく、基盤技術の中核に位置するものと思っている。従って、定年後も楽しく前向きに積極的に新しいことを発掘、発振しながら大阪、島根で力が残っている限り働きたいと思っている。

どうも、最近の世の中を見ると心が貧しくなっている、スピリットが失われているような気がしてならない。これが地方の衰退の原因の一つでもある。

故郷を出て大都市で働いて税金を納め、それが自分の故郷を含めて地方に廻されてよい、それで地方がよくなって欲しいと思っている人が昔はもっと多かったのではなかろうか。今は自分のことだけ、自分の納めた、中には納めない人も、税金が遠方の地に使われることをけしからんと思う人が都市部には多いのだろう、勿論、程度の問題はあろうが、地方にある程度廻っていいのではないかと云う気が小生はしている。東京の人だって元をただせば地方の人である筈である。故郷を思う心が減っている。それだけ貧しくなっているから、余裕がなくなっているからと云うことを云う人もいるかもしれないが、やっぱり心の貧しさの要因の方が大きいような気がしてならない。これは自分の反省も含めてである。故郷が魅力の持てないものになり、故郷を離れたものの記憶の中にある故郷の姿が完全に変わってしまうようなことがあっては、故郷を離れている人の故郷を思う気持ちが失せてしまうのも事実であり、その意味では地方のあり方も重要である。安易な地名変更も要注意である。地方で生まれ、育ち、都市部に出て活躍し、やがて故郷に帰ってくるのは素晴らしいことと思っている、丁度、鮭が生まれた川に帰ってくるのと同じように。そのためには故郷がいつまでも魅力のあるものであり続けて欲しいし、若い人達はいい思いを持って故郷を巣立っていって欲しい。

ここ最近、インターネット関連業者、ソフト関連業者による買収M&Aがマスコミを賑わせており、これからますます買収劇が盛んになりそうである。これらの業者が真に自分の膨大な資産、資金を持っているわけでなく、恐らく色んなところからの、海外を含めてバックにおる人達から膨大な資金を集中的に集めて実行されているのだろうが、世の中これが主役になっていいのだろうかと云う納得し難い気持ちがしてならない。企業がこれらの業者の云うように株主のためにある、それが一番のポイントだと云うのは完全に正しいのだろうか。企業は社会的な意味を持っているると云う側面も当然ある筈で、株主も一つではあろうが、従業員、取引先、消費者、地域社会と深くかかわっているわけで、どうも株主が最優先と云う論理、時には消費者のためと云う隠れ蓑を使った形の都合のよい論理が、まかり通っているような気がしてならない。今だけでなく、これから少なくとも数十年以上、一億人以上の人々が住む日本を支える企業であって欲しいと云うことからすると、一寸最近の動きは上滑りが過ぎているような気がしてならない。外国ではそうだと云う話もすぐに出てきそうであるが、それが真にいい姿かどうか疑問も感ずる。人々が安心して幸せに住むためには、常に買収の脅威にさらされているのは良いとは思えないし、常に利益、株の価値の上昇を最も重要なものと念頭におき活動するのも変な気がする。かって、一昔前であれば、会社が行き詰まって、誰かに依頼してそれを買い取ってもらうのが買収であって、決して悪いイメージでもなかった筈であるが、今は悪のイメージになってしまっている。

むしろもっと地に足のついた事業が真に我々を支えるものである筈である。その一つが製造業、中でも材料技術であると思っており、それが基盤である。日本の将来のために長期的視点で、五十年後、百年後の技術、社会、日本を支えうる基盤を育て築くのはやはり材料技術であると考えている。今回の巻頭言も、いつも述べる〝舟は向こうの山見て漕げ〟で閉じることにする。

舟を漕ぐとき、どうしても手元の櫓を見ながら漕いでしまいがちである。ところがこれではクルクル廻るだけで少しも前に進まない。向こうの山を見て漕ぐとスーッと真っ直ぐに進むものである。

勿論、漕がないようでは論外であり、櫓、櫓の支え、櫓の操作をきっちりと確実なものとした上、しっかりと未来を見据えて、長期的視点を決して失ってはいけないと云うことである。

電気材料技術を通じて産業を支えられておられる研究者、技術者の方々も立場、状況は変わると思うが、同じように将来を見据えて前向きに、明るく、自信を持って精進、活躍されることを期待している。

筆者自身、これまで電気材料技術の将来にわたっての重要性を強く信じ電気材料技術懇談会の世話役の一人としてお手伝いをしてきたが、今後も、役に立たなくなり、不要と思われるようになるまで、可能な限り何らかの寄与をしたいと思っている。

こんな思いになること自体が定年を迎えて老人の仲間入りをしかけているからかも知れないが、いつの時代にか、個人差を無視して一斉にお引取りを願う現在の定年制度が、もっと弾力的なものに変わっていくことを期待している。働ける人は、まだまだ働いてもらう、利用させてもらうと云う考えでいいと思っている。

話が長くなるのは老人の始まりだと云うことからすると、この型破りに長い巻頭言も老人に仲間入りしていることを暴露しているようで恥ずかしい気もしているが、そう云って短いものにする時間的余裕も、意欲もないのも事実である。これも筆者の悪いところで、もう次のことに気持ちが向かっているからかも知れない。

定年後は、世の常識に反することなく、ものに動じず、落ち着いて判断と処理ができ、若い方たちに頼りになると信頼される存在になりたいと思っているが、なにしろ脱常識、超常識を声高に云い続けてきた人間だったのだから当分無理のような気もしており、周りの人を今後とも困惑させ続けることになるかも知れない。あらかじめお断りしておいた方がよさそうである。

（電気材料技術雑誌　第十四巻　第一号　巻頭言、二〇〇五）

七　肥後の守

私達が高校生か大学に入った頃も、年輩の人達が〝この頃の若い者は…〟と盛んになげいているのを何度も耳にしていたが、私も逆にそんな事を若い人に云う年齢になってしまった。そうなって見ると、確かに若い人達の考え方や行動が理解できなかったり、たよりなく見えたり、無責任に見えてきて、〝将来がどうなるのか、二、三十年後が不安だ、心配だ〟とつい云ってしまいそうになる。大学でいつも若い人と一緒に研究しているので、普通の方より少しは若い人の事を知っている様に思っているが、時々ちっとも知らない事に気がついたりする。ともかく云える事は、常識がどんどん急激に変化している事である。善悪の基準さえ全く逆転している場合もある。常識が変った例えとしてどんな事があるかは、特殊な事を探さなくとも身の回りにいくらでもある。何か昔の事を話していると、それがどんな話題でもすぐにそんな例に行き当る。

この頃、英語教育、特に中学校、高等学校での英語教育が反省期に入ってきて、少しずつ変っていきそうである。文法、読解力中心から会話が重視される様に変ってきているが、生きている人間の言葉として会話からスタートして当り前だろう。赤ちゃんだって本を読むわけはなく、会話、それもそっくりまねる事からスタートして言葉を身につける筈である。

私達が初めて英語を習い始めた時は勿論読解から始った。要するに教科書を読むのである。所が、これがまた、とんでもない文章なのである。別に英語が間違っているわけではない。文例が不自然なのである。この事は最近いろんな所で指摘され、笑いの種にもなっている様である。

記憶があいまいだが、英語の教科書は多分、〝ジス イズ ア ペン（This is a pen. これはペンです。）〟から始ったと思う。ペンを指して云うのである。しかし、ここまでは良い。次がいけないのである。〝ジス イズ ノット アブック（This is not a book. これは本ではありません。）〟見ればわかる。ペンを見て、それが〝本だろうか〟と思う人などいない。〝当り前の事を云うな〟と云う事になる。文章の中味が面白くない、と云うよりこっけいに思えてくるのである。

〝アイ アム ア ボーイ（I am a boy, 私は男の子です。）、アイ アム ノット ア ガール（I am not a girl. 私は女の子ではありません。）〟そんな事当り前、これも見ればわかる。男と云う事は自明で、男の姿を見て女と思う人間などいない。だからこれも一種、こっけいな文章である。これでは生徒、学生が文章に興味を持つわけがない。単に英語として、生きていない英語を学ぼうとする事になると云ってもよさそうである。本当は英語の勉強をしながら、会話、文章の中味にも興味が持てる様な文例を使わねば話しにならない。日本の学生の英語力が高くならない原因の一つは、ここにもある様な気もする。

所が、ふと気がついて見ると、ナンセンスな会話と云えるのは昔の常識で見るからであって、今の目で見ると、何か示唆的な感じがして妙に面白く感じられたりする事もある。

I am a boy, I am not a girl. が昨今は意味を持ってきたのである。何しろ若い男性が、長髪は勿論、ピアスまでして、一寸見ただけでは男性か女性か判別がつかない事がある。これをなげかわしいと考えるかどうかは別にして、今の世なら、かつての英語の最初の文章が意味を持ってくると云う事になる。あなたは一体男ですか、女ですかと云う質問があっておかしくないのである。世の中、時代を経ると役に立たなくなる事が多いが、妙な話である。

しかし、こんなケースは全体から見るとやっぱり、そう多くはなく、そのほかにも妙ちきりんな英文をいっぱい習った事になるようである。そんなわけかどうか知らないが、日本人が外国人と会うとまず最初に決って質問する事項があるそうである。

〝ハウ オールド アー ユー (How old are you?; あなたは何歳ですか)、ハウ トール アー ユー (How tall are you?; あなたの身長はいくらですか)〟。

初対面の人に、まず年齢と身長を聞くわけだから外国人は、〝日本人て、なんて妙な人種だろう、どうしてそんな事聞くんだろう〟、と思うにちがいない。

ジス イズ (This is …, これは…です)、アイ アム (I am …, 私は…です)、から始まって次はもう少し複雑な文章となって大抵アイ ハブ (I have …, 私は…を持ってます) となる。私が最初に憶えたのは次の文章である。アイ ハブ ア ナイフ イン マイ ポケット (I have a knife in my pocket; 私はポケットにナイフを持っていま す)。私は全く抵抗なくこの文章を受け入れたのである。と云うのは私はいつもポケットにナイフを入れていたのである。でも、今の人たちが考えたら変な話しである。子供がポケットにナイフを入れているのである。今の時代なら、ポケットにナイフを入れて歩いていたら学校で補導されるのかも知れない。しかし、私は決して不良でない。それどころか、いい子だったんじゃないかと思っている。それでもポケットにナイフを入れている。私の友達もみんな入れている。決してケンカするためではない。竹を切って竹トンボを作ったり、竹鉄砲を作ったり、木をけずって船を作ったり、栗の実の皮をはいだり、それにたまには鉛筆もけずる。野原をかけまわっている子供には不可欠のものなのである。ケンカなんかに使うわけがない。そうかと云って、子供同士ケンカをしないわけではない。ケンカをしてなぐりあいもする。それでもナイフなんか決して使わない。みんな、ちゃんとケンカのルールを知っているのである。決して相手にケガをさせる様な道具を使わないし、徹底的にやっつけてしまいはしない。今の子供は、それを知らないから、ケンカをして死に至る程の暴力を振う。悲しい限りである。あくまで、ポケットにナイフを入れているのであって、ポケットにナイフをしのばせているのではない。

ポケットにどんなナイフを入れていたのかと云うと、折りたたみ式のナイフ、肥後守である。これは〝ひごのかみ〟と読む。このナイフを殆どの子が持っている。折りたたみ式で、たたむと鉄ケースの先端にレバーの様な棒が出ているから、これを押さえるか、これをなにかにたたきつけると、てこの原理で刃の部分が起き上って、ケースから外に出ると云う構造になっている。ポケットに入る位だから、そんなに大きくないし、軽い。しかも竹や木は良く切れるが、そんなに刃先は薄くて鋭いわけではない。だから手をケガする事も意外に少ない。小刀やカミソリやカッターの刃の方が薄くて、切り込み易いから傷が深くなってかえって危ないと思っている。

今の子供は鉛筆もけずれないと聞く。と云う事は刃物を使うのがうまくないと云う事である。恐らく小さな子供の頃、母親や父親から危いから刃物を使うなと強くたしなめられたためであろう。だから小刀や肥後守なる名前を知らない若い人が多いだろう。特に肥後守なんて、何の事かわからない人が殆どであろう。私にとっては肥後守のナイフが小刀よりずっとやさしく響く。そもそも小刀と聞いて違和感を唱える人は少いだろうが、考えて見ると刃の小型という事で今の世には不似合の名前である。

我家で、肥後守のナイフの事を知っているかどうか聞いて見ると、何と不思議な事に妻和子は勿論であるが、瑞穂、香苗、智恵の三人娘が皆んな知っていた。私の娘三人の答が私には世の平均とは思えない。一寸私の影響があるのかどうか知らないが、もしかすると少いタイプなのかも知れない。だから知っているのかも知れない。普通の若い人は肥後守と云っても殆どわからないに違いない。ためしに、ここまで読んだ人は、ぜひ身のまわりの若い人に肥後守が何で、何に使うものか聞いて見たら面白いだろう。とんでもない答が出てくるに違いない。我々の想像するよりも、ずっと面白い、とっぴな、しかしなるほど、と云う様な解答が返ってくる様な気がする。

肥後守が、なんで、それをどう使うかはよく知っている私であるが、なんであのナイフが肥後守と呼ばれるのかは知らない。そもそもいつ頃から肥後守が存在するのかも知りたい所である。ナイフなる英語が入って来たのは明治になってからだろうが、肥後守は江戸時代からあるんだろうか、明治に入ってから作られ始めたんだろうか。考えて見るとあの一寸変った、しかもシンプルな構造のナイフはどうも日本人の考案の様な気がしてならない。西洋のナイフがヒントになって日本人が考えだした様な気がしてならない。

肥後守であって出雲守、丹波守でないのだから、肥後、熊本の産なのかも知れない。もう、我々の身の廻りから肥後守はすっかり影をひそめてしまったが、どうも肥後の国、熊本ではまだたくさんの人に使われている様な気がしてならない。みんなに愛されて、今も子供のポケットに入っていてほしい、と変な期待をしている私である。そんな姿がどうも不自然に思えないからである。なんで不自然じゃないと感ずるのか、しばらく目を閉じていろんな事を思い浮かべていると、すぐに答えがでてきた。私と親しい肥後、熊本に縁のある人、今は長崎総合科学大学の奥村典男教授、熊本大学医学部の志賀潔教授などを思い浮べるとみな素朴で人柄がすこぶる良いのである。奥村さんからは〝はーい、そうですね。とっとっと…、よかとです。〟と聞こえてきそうだし、志賀君に至っては東北弁と似かよっている出雲弁から大阪弁に変って、やっと一番似つかわしい熊本弁に落ちついて、結果として出雲弁、大阪弁まじりの妙な熊本弁で講義をやってる姿が浮んでくるのである。二人とも肥後守がぴったりである。

〝本当の志賀潔は僕だで。あの有名な赤痢菌の志賀潔は養子に行って志賀だから、本当のけわしだけんの〟と松江高等学校で同級生の私に妙な自慢をして、その自分の言葉に影響を受けたのか結局阪大の医学部へトップで入って、大阪中之島、堂島、梅田界わいを晴なら下駄、雨なら長靴で歩き回っていたと思ったら、岡崎を経て、熊本に落ちついた志賀君も、二、三年前、確か平成四年に熊本大学での学会の折りに立ち寄るとすっかり熊本弁が板についている様に見えた。

　次に、熊本に行った時、急性盲腸炎かなんかで熊本大学に緊急入院した際、私の手術を担当したのが偶然にも志賀君。手術の後の会話。

〝吉野君、大分ひどかったで〟

〝志賀君、痛かったで、麻酔僕には余り効かなかったんかな〟

〝ごめんな、吉野君、痛かったか。わし、やっぱりこれよりこっちの方が使い　慣れちょうだけん〟

と云いながら、メスの代りに肥後守をさし出す。

〝なに、そうか。やっぱり君にはそっちの方が似合うからな〟

と云う事になったら大変な所だが、世の中にうまくできたものである。当の志賀君が選んだのは金にも縁がないが、手術の縁も少い基礎医学、生理学。それでもニヤッと笑いながら云いそうである。

〝吉野君、やらしてくれへんか。一回やってみたかったんや、これで〟

八　右　左

　最近になってわかってきたが、どうも日本人は外国人に対して親切すぎるというか、むしろおせっかい過ぎる所がある様な気がする。私自身、研究室に来ている外国人を自宅に呼ぶ時も、梅田で阪急から地下鉄かＪＲ環状線に乗り換えて、もう一度天王寺でＪＲ阪和線に乗り換えて東岸和田まで来ればいいと図を描いて説明はするものの、無事来れそうな気がしないので、結局私が直接連れ帰るか、天王寺か梅田へ迎えに行くか、誰か日本人の学生に一緒に来てもらうかする事が殆どであった。

平成五年十一月、初めてウズベキスタンからのザキドフ博士と中国ハルピン（哈爾濱）の雷教授に、乗り換えの要領のメモだけ渡して直接最寄りのＪＲ東岸和田駅まで来てもらう事にした。なにしろザキドフさんはすごく感と要領がいいし、日本語も片言程度はできそうだし、雷さんは漢字だけは当然書けるし理解できるので、二人一緒であればいざとなれば筆談やってでもうまく来てくれるかも知れないと思ったからである。結果は見事、二人夫々別々に約束時間ぴったり合せて到着してくれた。考えて見れば外国語会話の下手な日本人でも実際になんとかやってうまく目的地に到着しているのだから、外国人が日本で同じ様にできても当然と云えば当然かも知れない。これに自信を得て、次からは外国人には直接東岸和田駅まで来てもらう事にした。

最初にこれを実行したのはオランダのデルフト大学から来ていたマテスさん、マテス ド ハス (Matthijs de Haas) 博士である。日本語が全くわからない彼も見事に到着してくれた。彼は私のベルリンにいた頃からの知り合いだからもう二十年来の友人である。十五年位前にも一回日本へ来ているから来日は二度目である。

「ややこしい事はなかったですか。乗り換えはすぐわかりました？」

「簡単でした。全くややこしい事はありませんよ。君の書いてくれた地図がよかったからすぐわかりましたよ。Expressと云っていたけどRapidとなっていたね」

私が急行（Express）に乗ったが早いと教えておいたが、どうやら急行はRapidと表現されているようである。

我が家でお茶を飲みながら妻和子、長女瑞穂、三女智恵を交えて一、二時間雑談した後、少し山手にある山麓苑というジンギスカン料理の店に行った。外国からの来客があった場合、時々ここを利用する事にしているが、同じ岸和田市内と云っても、ここは少し山に入った所であるので、まわりの様子から日本の地方、昔の日本の面影が垣間見られるし、別称〝樽（たる）〟ともいわれる様に大きな酒樽か醤油樽を組み合せてつくった小屋の中で焼き肉を楽しむ事ができる様になっているので、結構楽しめ、そのうえ案外割安だからである。

マテスさんが喜んだ事は云うまでもないが、一年前スウェーデンで開かれた国際会議の際、連れていった瑞穂は一度会っていた上に、白いヒゲをたくわえたマテスさんがまるでレオナルドダビンチかサンタクロースと見まちがえる位そっくりであるから、とても親しみ易いので初対面の和子も智恵もずいぶんうちとけていた様である。

こんな外国人と接すると、そのユニークな発想の面白さにびっくりする事やいろいろ教えられる事が多い。前日大学でやってもらった講演でもＯＨＰを使って図面を説明するのに、普通みんながやる様な指示棒やレーザーポインターを使ったりするのでなく、なんとふところから取り出した割りばしを一本使ってやり始めたのである。どっかで食事の際持ち帰ってふところに忍ばせていたのに違いないが、この一寸した思い付きがどっと笑いを呼んで、講演がパッとなごやかな雰囲気になったのだから大した小道具である。

まだ少し慣れない手付きでジンギスカンをつまんでいる彼に声をかける。

「マテスさん、今度どっかで講演する時は〝はし〟を二本使ったら」

「ん。それはいい、面白い。それによくキャッチ（catch）できるかも知れないね」

恐らく聴衆が中味をよく把握し理解し易いという事をキャッチし易いと云って、二本あると物がつかみ易いという事とひっかけて話しているのだろう。

ふと気がつくと知らぬ間に〝はし〟を左手で使っている。右手で使っているのと左手で使っているのとこちらが気がつかない位である。左と右と同じ程度に使えているのである。当然の事であるが、初心者にとっては右も左もないかも知れないから最初どう教えられるかで、右利きになるか、左利きになるかが決っているのだろうと云う思いと共に、最初どう教えられるかと云うのが将来左右を決めるのだからこわいものだと云う気がした。それでも念の為に聞いて見た。

「マテスさん、右手も左手も同じ様に使えるの」

「いや、最初だから右も左もどちらもうまく使えないから、どっちを使っても同じ事ですよ」

「この間、右手を一寸切りましてね。使えなくて、左手で朝歯を磨いたんですよ。そしたらうまく歯が磨けないもんですね。歯磨きなんて歯ブラシを握るだけなので簡単な事だと思ってたのに、それでも利き腕と云うのがあるのですね。左手の動きではうまくできないもんですよ」

と云う私の話しにマテスさん即座に同意した。

「そう、私も同じ。右手が使えない時に左手でひげをそる事があるんだけど難しくて、やっぱり時々ひげそりで顔を切りますよ」

そう云えば美しいひげのそり際に赤い線が入っている事があるが、そんな時には案外左手でそっていたのかも知れない。

　複雑な動作じゃないので容易に思えながら意外に思った様にやれない事がまだ色々ある事を少し前に友人の誰かから聞いた事がある。

「吉野君、左手を包帯していたのでしばらく右手だけで生活していたんだけど、もともと右利きだから何も問題ないと思っていたら実は困る事があったんだけど何かわかるか。実はトイレなんだ。小もなんとなくやりにくいけど、何と云っても紙がうまく使えないんだよ」

何か余り想像したくないけれど何となくわかる気がする。いつもと逆の手でやってみたら恐らく思う様に使えない筈である。所で、この時左手を使うか右手を使うかは日本では人によってマチマチなようである。東南アジアでは左手に決っているようであるが。日本ではどうやら小さい子供の時に親がどう教えるかで右利きか左利きかに関係なくすべて決ってしまうようである。

　炭火が殆ど消えるまでの約三時間樽の中でジンギスカンとビールをたっぷり楽しんで外に出るともう夕暮れである。

「マテスさん、メンズルームはめそこですよ」

私が荷物を預ると、ノレンをくぐって一歩入ったマテスさんがすぐ飛び出してきた。

「カメラ、カメラ、これは珍しい」

カメラを持ってとって返すと、入口から中に向ってフラッシュをたいて撮影している。誰もいない様だから肖像権は問題なさそうである。

ニコニコと満足そうな顔で出て来たマテスさんを見ていてふとおかしくなった。

彼は家に帰ってから、アルバムの中にきれいな写真と一緒に、一寸風変りな日本のトイレの写真を一緒に貼るんだろうか。彼にアルバムを見せてもらった人は、この写真ののったページを見た途端笑うだろうか、びっくりするだろうか。案外彼の写真帳には世界中の珍しいトイレの写真が並んでいるかも知れない。今度行った時、是非見せて貰う事にしよう。

我々日本人が当り前に思っている事が外国人には驚きであったり、逆に外国人に当り前である事が我々には珍しくびっくりする事である事が本当にひんぱんにあるものである。世の中、当り前と思う常識が必ずしも普遍的な常識とは限らず、いつも正しいとも云えない事はしょっちゅう学生に話しているが、私自身も時々あらためて再認識させられるのである。

九　外国語

私は小学校の上級でローマ字を習い、中学校に入ると英語の授業を受けた。昭和一桁生れや三十年以降生れの人も同じスタイルかどうか知らないが、少くとも私の年代の者、昭和十年から三十年頃の間に生れたものはそうであった様である。ローマ字を習うと云っても名前が書けて、ローマ字書きのものがゆっくり読めるのがやっとであるが、その影響が結構ある様で、中学校で英語を習ったにもかかわらず、私が読む英語の発音はずっとローマ字式日本語的であった。もっとも、中学校で英語を習うと云っても授業日数は少いし、三年生になると選択科目になって職業家庭科目とどちらか好きな方を選べばよかったし、高等学校の入学試験でも英語は半人前にしか見られていなかった様で、他の教科、数学、国語、社会、理科は勿論音楽、体育などどの科目も百点満点なのに、英語だけ選択でしかも五十点満点であった。だから、ローマ字式を抜け出して英語式に発音をする程に中学校で勉強していなかったし、会話が余り重視されていなかったので、ほとんどまじめに勉強しなかった私の英語がうまくなるわけがなかった。それにもともと恥ずかしがり屋で、引っ込み思案の私には英語がうまくなるわけがなかったと云った方が正しかっただろう。それでも、外国語を習うのにローマ字から始めるのがいいのかどうかよくわからないと自分自身の不勉強の責任を棚に上げて、私の年代の日本人の英語会話力の不足の原因を他人のせいにしてしまう悪い私である。

所で、もう一つ最近になって気がついたのは、ローマ字教育で習うアルファベットの発音の仕方が正しくて、それが唯一と思い込みがちになるが、必ずしもそうではないという事である。ローマ字読みが正しくて、外の読み方がおかしい、変であると思ってしまうのである。それがヨーロッパの国々の中にさえ結構変った読み方があるのである。スウェーデンでKの読み方が違う。Linköpingと書いて、リンショッピングと発音するし、ドイツでもJが違っていてJapanがヤーパンで、私の名前はよしのと発音するとドイツの人はJoshinoを書いてくれる。ロシアに至ってはNがイーで、Pがエルである。勿論国によって我々が習ったアルファベットの文字以外の文字もあるし、同じアルファベットでも読み方が違うものが結構たくさんあるのである。最初のうちはこれが奇異に感じられたが、この頃は、そんな事は当り前で何の不思議もないと自分に云い聞かす様にしている。と云うのは頑固な性質の私は、どうも自分で納得しない限り、絶対に頭が受け入れようとしない様で、どうしても憶えられなくて、すぐに忘れるし勿論身につかないのである。そもそもアルファベットは発音を表すための単なる、約束事の記号である表音文字だから、国によって、国どころか住む地域によって異っていてちっともおかしくない。それに、たとえ、最初にある約束をしたとしてもほかの地域に伝っていく間に、同じ地域であっても時がたつにつれて変化していっておかしくない筈である。むしろ変化して当り前である。

ともかくアルファベット文字に英語以外のいろんな発音の仕方があると云う事を認めても、文章とした時に読みにくくてしょうがない言語もある。アルファベットを読んで、意味はわからなくとも、それなりに聞いてわかってもらえるのは、むしろ日本人にとってはドイツ語、イタリア語、スペイン語なんかであると云う話しもあるくらいである。それでもとにかく中学校、高校と長い期間習うから、英語はなんとか下手でも読む事だけはできる様に思う。所が、同じ英国でもウェールズの方へ行くとプラットフォームにある駅の名前が読めないのである。やたらと長いし、子音が続く事がある様で、どう読んでいいのかわからないのである。

もう一つ、乗り物でこまったのは最初にパリへ行って地下鉄に乗った時である。私の聞いている駅名、車内でアナウンスする駅名と、プラットフォームの看板の駅名が一致しないのである。書いてある駅名をローマ字式に読むのとアナウンスされている駅名とが全く異ってる様に思えるのである。下車していいのか、下車していけないか、要するに目的地なのかどうか判断に困るのである。昭和四十年代後半最初にパリに行った時がそうであったので、今もってフランス語は私の肌にうまく合わない様である。住んでいたドイツの言葉は、アルファベット式に読めばうまく通じるし、理解できるのに、国境を越えてフランスに入った途端混乱してしまう。何となくフランス語が非論理的に思えて、頭が受け付けなくなってしまうのである。そもそも言語が論理的でなくて当り前なのかも知れないが、どうも私にはぴったりしない。なぜフランス語では読み方と話し方がそれ程までにも違っているのか不思議に思い、当時強引に結論をもってきたが、素人であるからはずれている可能性が高いだろう。

可能性のひとつは、フランス語の書き方、記述の仕方がかなり古い時代に定着して、その後話し言葉が大きく変化した。即ち、書き方が話し方に追随して変化しなかった可能性である。例えば、今話されている言葉に忠実に書き方を決めれば、あるいはそれに従って変化させれば、恐らく、素直に読んで充分通じる筈である。云い方によればフランスの文化が非常に古くから発達していたとも云えるが、逆に云えばフランス人が頑固で話し言葉が変ってるのに記述の仕方を変えようとしなかったと解釈もできるかも知れない。古代文化の花開いたイタリアはもっと古くから文化が発達しているのに話し言葉と書き言葉がほぼ一致していると云う。文化が古いからだけでは説明できない様な気がする。

それではドイツはどうか。ドイツ語も文字通り、約束通りアルファベットを読めば、充分通じる。発音も忠実で明瞭である。ドイツでは書き方がごく最近定着して話し言葉とのずれがまだ少いと云う事だろうか。逆な事も云える様な気もする。要するに、書き方、記述の仕方が話し言葉に影響を与える可能性もあるかも知れない。こんな勝手な解釈を仮定してへりくつをつけるとこうなる。

ドイツではいったん厳格な記述方式を確定したその後は話し言葉もこの書き言葉に制約されて変化が少いという可能性があると云う事である。何故ドイツではそうかと云うと、ドイツの人が頑固でいったん決めた事はガンとして変えようとせず守ろうとするからであると云う暴論が生れてくる。

結局、柔軟そうに見えてヨーロッパの人はどこの国も相当に頑固である、世界中皆頑固であると云う結論が無意識のうちに導き出されてしまう。

それじゃあ日本人だけが頑固ではないのか。結婚式での久保宇市先生の挨拶を思い出した。

〝新郎吉野君は並はずれた、すばらしい頑固でありまして、そもそも日本人は頑固で、それがまたいい所でもありますが、中でも吉野君は……〟

今もって、あの時ほめられたのか、そうでもないのかよくわからないが、今でも楽しく思い出すからには、いい話しだった事に間違いない。話しの中で何度頑固と云われてしまったかわからないが、要はこの話しからもわかる様に日本人も頑固、世界中皆頑固と云う事である。

考えてみるとこのフランス語、ドイツ語の話しを頑固のせいに結論としてもってくるのは、何でも楽しく、面白くやるに、考えるに限る、と云う私の頑固な信条からくる当然の結論かも知れない。

そう云えば言葉に関しては私も頑固の様である。少し前に東京のある所で講演をした後の懇親会で参加していた一人の人から尋ねられた。実は、同じ事を何年も前に別の所で、別の人からも云われていたのである。

〝吉野先生、有難うございました。所で、吉野先生は出雲の方じゃありませんか〟

東北弁にそっくりの出雲弁が五十歳を越えても頑固な私には強く残っている様である。

十　片岡物語　―山道―

研究室の学生の一人が特殊な電極入り構造の光学石英セルを壊したので修理がきくかどうか片岡さんの所へ電話すると、奥さんが出られて

「用件伝えておきます」

と云う返事である。

ずいぶん年の違う奥さんなのか若い声である。明日くらいに来てくれるかなと思っていると、何と、夕方いつもと同じ五時半過ぎに、ドンと一つだけノックしてドアを開けて迫力満点の片岡さんが入って来た。

手にとってセルを一目見るなり

「先生、大丈夫、簡単に直りますよ」

用件はそれで済みである。

「先生、この間の本、面白かったから、もう二、三冊手に入れておいて下さい。田舎にも送ってやろうと思うんで」

例の〝雑学・雑談。独り言〟なる身勝手な本の事である。

「先生の本を見ると田舎の事を思い出して面白いですよ」

「片岡さんの所、川も大きいし、山も深いと云っとられたから、いい所でしょうな、本当に。私も一回行って見たい

ですね」

「とにかく凄い所ですよ」

「愛媛には何度も行ってますが、高知は大分違いますか」

「全く違いますよ。土地の出来方がよくわかりますよ。とにかく高知の方からずっと地面がせり上がって松山の方に迫ってる感じなんですな。だから愛媛側は切り立っているし、地層は高知の方の斜面に平行になっている筈ですよ。こんな、地層なんで愛媛の方が良い水や温泉が出て来るんですわ。高知の方は出んですよ。それに別子銅山なんかの鉱脈はこの地層に沿って高知の方へ向かって地面に平行に掘ってると思いますよ。別子銅山あたりから新居浜の方へはもの凄く切り立った高い崖ですからね」

「片岡さん、えらい別子銅山の事までよく知ってますね」

「いや、おやじが一時期別子銅山に勤めていて、私も何回か行った事があるんですわ。別子からうちの高知の仁淀に帰ってくるのに、海に出て徳島か愛媛の方をぐるっと回って帰って来るのは遠いから、直接山を越えて、山の稜線を通って、親父が帰ってきた事がありますよ、その方が却って近いみたいですよ」

「凄いですね。そんな険しい山道、道に迷わずよう帰って来られましたな」

「案外わかりいいんじゃないですか。道もそうたくさんないし、踏み固められてるから迷わずに済むでしょう、そんな道を〝おうかん〟て云いましたよ。所々、数キロおきくらいに〝茶どう場〟ちゅうのがあるんでわ。これ、本当は御大師堂で、巡礼の人に休んで貰ったり、お茶をサービスする為にあるんで、私等らも時々手伝いに行きましたが、巡礼の人だけじゃなくて山道を行き来する人や作業する人、誰にでも使って貰うんでわ。こんな所で自分の居場所が確認出来ますから、迷わんですな」

「それにしても生活の知恵というか、山深い人里離れた所にもいいシステムが出来上がって、張りめぐらされていたんですね」

「四国の山は深いけど、昔から平家や源氏があちこちに落ちのびたりしていて、どんな深い所に行っても人が住んでるんで、凄いなあと思う事もありますよ」

何か、この頃は、文明の利器が無ければ人間は住めず、まして広い範囲に活動できず、昔は狭い所で細々と生きていた様に思いがちであるが、こんな深い山の中にまで、意外に太古から人間は広い範囲を舞台にして動き回り、活躍していて、今思うより遥かに広い地域に関する情報を持っていた可能性がある。また、こんなのが日本を始め東アジアの底力になっているかも知れないと思ったりするが、これは何も東アジアに限らず世界中だろう。

この片岡さんなら、どんな所でも走り回る力がありそうであるが、もしかして、四国の山地には片岡さんそっくりの人が至る所に徘徊していて、あっちの山道、こっちの分かれ道で、全く同じ顔の人がバッタリ出会いそうな気がする。

十一　片岡物語　―五十六里―

いつもの通り、五時一寸過ぎ、ドンとドアを叩いてパッと開けて顔をのぞかしたのは栄光社の片岡さんである。

「先生、京都の丸山先生の本持って来ました。一寸貸してあげます。それから石英セル出来たの持ってきましたから見て下さい。これでいいと思いますけど」

この人が飛び込んでくると、部屋がパッと明るく、まるで大きくバウンドしてはね上がったパンパンに張ったボールの様に、はりきった様な状態になる。

丸山先生というのは京都大学理学部長もされた丸山和博教授で〝しづいし閑話〟というなかなか格調の高い本を出版されていたのである。

「さ、どうぞ、どうぞお茶でもどうですか。紅茶、コーヒー、番茶、何がいいですか」

「お茶で結構です」

ドカッと座り込んだニコニコ顔を見ているとこちらも嬉しくなってくる。

「この間、乗ったタクシーの運転手さんが高知の出身で、片岡さんに聞いていた話しをしたら、〃そうでしょう、そうでしょう〃と喜んでましたよ」

「何ですか」

「片岡さん、前に云ってたでしょう。高知は産業も余りないし、道路整備も遅れてるので、愛媛から県境を越えて高知に入ると途端に道が悪くなるって、それに高知の人間は、だれか身内や親戚が偉くなっても、それに頼ろうとはせんし逆に偉くなったもんが身びいきや出身地の事に特別の事をしないって。だから結構有名な人も出てるけど、高知が特別に潤いはせんて」

「そうでしたな」

「それで、吉田茂首相のときに、高知の偉い人が誰か首相の所へ陳情に行って地元高知のために何かしてくれと頼みに行ったら、〃ばかもん、そんな事は県知事や県会議員が考えれば良い〃と一喝されたらしいと話してたでしょう。あれを話したんですわ。そうしたら〃そうです、そうです、そんな所が高知の人間にはあるんですわ〃と嬉しそうに誇らしそうに云ってましたよ。高知の中村という所出身の運転手さんでした」

「中村は高知でも僻地ですよ。昔、政敵がよく島流しされた所ですよ。だから結構頭の良い有名な人がよく出るんですわ」

「でも中村は地続きでしょう」

「高い山があって険しくて行けんのですわ。四国はとにかく山の険しい凄い所ですよ」

「片岡さんの田舎もすごい所だって云ってましたね。仁淀とか云ってましたな」

「仁淀川と四万十川の上流ですよ。四万十川の方は支流ですけど。とにかく凄いですよ。海抜は百五十メートルくらいなのに、ぐるりはみんな千メートルから千五百メートル以上の山で囲まれてますからな。切り立ってますよ。だから雨が降って川の水が上がる時なんか凄いですよ。あっという間に水位が三十メートル。五十メートルくらい上がりますからね」

「そー、そんなに上がりますの」

「そうですよ。普段、川から五十メートルくらい上にある吊り橋の所まで水位が上がって、川の流木やなんかがひっかかるくらいですからね」

話しを割り引いて聞いても凄い話しである。両岸から山が迫って深く切れ込んだ谷底を川が流れている様である。だから道や家は川の近くかずっと高い山の稜線の所しかないそうである。途中の斜面は余りに急で家が造れないそうである。しかも川が増水すると水没した家が流される事はしょっちゅうだったそうである。

「山の峰に面白い競馬場がありましてね。松尾という所ですわ。それが平らになっていて周りを石垣で囲んだ競馬場になってるんですわ」

そんな田舎に競馬場があるんなんて変な話しであるが、私の出雲の田舎でもとんでもない所に競馬場跡と呼ばれる広場の跡地の様な所がある。昔は馬を農耕や山仕事、運搬用に使ったはずだから、そんな馬の品評会で自慢の持ち馬の競争なんかをやってた可能性がある。わずかな賭け事の楽しみもあっただろうし、兵馬を養う為に奨励されていたかも知れない。

「とにかく面白いですよ。馬が時々落ちるんですよ。石垣の壁を越えて外に。余り広くないからスピードを出し過ぎると廻りきれなくて石垣にぶつかるし、勢い余って石垣を越えて向こうへ落ちるんですな。子供の頃、名前忘れたけど偉そうにしているおっさんがいましたね。上等な馬を手に入れてそれに乗っていつも自慢そうにかっぽしてましたよ。大体どこでも一寸、小金を持ったりして偉そうにしてるのがいるもんですよな。この馬に乗ってね。、この競馬場で勢い余って壁乗り越えて落ちてしまったんですよ。面白かったですね。胸がスーとしましたよ。大体普通労働に使っている馬でしょう。駄馬だからそんなにスピードはでませんよ。そこへかっこよく自慢の馬ですからね。飛び越えて落ちるの当り前ですよ」

いかにも、今でも嬉しそうに話す片岡さんであった。

「たしか、片岡さんは源氏の系統だった筈ですね。醍醐源氏といいましたかね。世が世なら大変な所ですね。確かに片岡さん風格充分ですよ。有名な源氏の片岡さん、こんな所ウロウロできないかも知れませんよ」

「いや、うちの系統は頼朝が旗揚げした時に立ち上がりませんでしてね。それが失敗で有名にならず仕舞いですわ。どうも、まだ平家が力を持っている時に東西の源氏に挟まれたらいかんと思って、前もって西の醍醐源氏をたたいたみたいなんで、頼朝の時はもう立ち上げる余裕なかったかも知れんですわ。うちはじいさんのじいさん頃から財産を次々と使い果たしてますわ。昔は越智から森まで七里ほどの道の所、全部自分の所だった見たいですが私の頃はもう殆どないですわ。いつだったか北京の感光研究所へ行った時、中国人が皆すごい挨拶やってるから私もいっぱつやりましてね。ずいぶん受けましたよ」

「どんな挨拶したんですか」

「中国では大体五百メートルが一里でしょう。だから日本の七里は五十六里ですわ。それで私は〝お祖父さんのお祖父さんが五十六里以上にもわたる土地を持っていたが、博打と酒で全部なくして、そのお陰で私はここ北京に来れた〟と云いましたよ。皆喜んで拍手喝采してくれましたな」

面白い人である。

「考えたら、一寸ぐらい財産があってそれを守るために地元に残ってたら、こんな面白い人生にはなっていないでしょうな」

所で日本の一里が四キロメートルに当たる事は皆んな知っている所であるが、北京の感光研究所が何故あるのか勿論誰も知らない。毛沢東の奥さん江青の元気な時代に作られた研究所だそうである。

「江青、女優だったでしょう。映画のフィルムがいるんですよ」

この人の博覧強記には恐れ入ってしまう。ついでであるが、といって話してくれた所によると、仁淀を囲む周りの山の中には千五、六百メートルの鳥形山というのがあって丁度鳥の様な形であったそうであるが、高知のこのあたりは一種のカルデラ地帯、いわゆる石灰岩地帯であり、石灰を求めて削られすっかり平らになってしまったそうである。

「飛行機に乗るとよくわかりますよ。中国へ行く時、必ずこの上を飛ぶんですが、鳥形山のあたり削られて白く平らになってますよ。」

よく考えて見なくとも、険しい山、凸凹した地形となってるのは、川の流れが侵食した結果である事は誰でも知っている。これを数学的にはフラクタルという手法で解析すると特定の次元が評価される。長い年月でみたら恐らく必ず同じフラクタル次元となる様に侵食が進む筈であり、再び険しい地形に戻る筈である。このとき何度も災害が発生する可能性がある。一方ダムがたくさん出来たらしいが、このダムができると必然的に流砂量が減る。その結果はいつも河口近辺の地形を変化させ、海岸の後退が起こって当然である。片岡さんによると、高知の有名な海岸桂浜の砂が減って浜が退化して大変だったそうであるが、川の流れの変化に起因している可能性がある。恐らく河川の管理が過度に進むと日本中の美しい砂浜が消えていく可能性がある。

自然を人間の住みやすい形に変えざるを得ない事も多かろうが、自然をいじくりまわすのは最小限にしたいものである。行政担当者も大変である。

追記一

片岡さんが五十六里と云ってずいぶん嬉しそうに笑ってるのは、どうやら中国の人が誤解してくれる事を承知の上で話した話だからの様である。要は日本人と中国人の見た目にはそっくりであるが。その国土、社会の違いを反映して同じ事を聞いても考える事が違うのである。

中国の人は五十六里と聞いた時、縦横五十六里の広大な土地を思い浮かべるのだろう。片岡さんの五十六里は山道をクネクネ道沿いに測った距離が五十六里である。特に、山が入りくんで険しい所ではその尾根伝いの距離を測ると直線距離ではたいした事なくとも、ずいぶん長い距離となるのである。要は中国人は二次元、日本人は一次元の発想をしがちである。夫々の国土の形態が無意識のうちに先入観をつくり上げてしまう様である。

追記二

所で最近フラクタルなる数学的な概念と関連して面白い話しがある。例えば海岸線の長さは測り方によってどんな長さにも、無限長にもなると云うのである。荒い目盛り、長めの長さを単位とするもの差しを使う場合に比べて、単位長さがどんどん短いもの差しを使うと測った距離がどんどん長くなると云うのである。どのくらい細い所まで目を配るかによって長さが異なると云う事である。砂粒よりずっと短いもの差しで測れば砂の形に沿った長さまで測る事になるので長さが際限なく長くなる事になる。片岡さんこんな事を知って話していたのかどうか知らないが、見方、測り方によっては五十六里が千里にも一万里にもなる筈である。変な話しだが逆に云うと千里も考え方によっては〝おそるるに足らず〟、思ったより短く不可能な距離でないと云えるかも知れない。〝千里の道も一歩から〟は、だから当然の妥当な事になる。

十二　片岡物語　―常識外れ―

片岡さんの田舎の仁淀川で、強い雨が降ると水位が一気に三，四十メートル上がると云う話を聞いたとき、一瞬大げさな、誇張した話と思ったが、片岡さんの真剣な顔を見ているうち、いや本当にそうかも知れないと云う気がしてきた。川に対するこれまでの私の常識がもしかしたら正しくないかも知れないと云う気がしてきたのである。と云うより、もしかして途方もない川がいっぱいあるのかも知れないと云うことである。常識の判断を捨てるべきと云うことである。

短時間での水位の極端な上昇は考えてみれば大いにあり得る。高い山で囲まれて、それらの山からの川が谷底で一本に合流して流れているときなど、各山に降った雨が急流を一気に流れ下って合流する筈であるから、水位の急上昇は当たり前である。特にその一本の川にこの山間の盆地からの出口の所で地形の関係でぐっと狭くなっている場合など、途方もない上昇があり得るのである。

それに中国、ヨーロッパなど流域面積の大きな所も大変な筈である。ヨーロッパではドナウやエルベ川やその支流、中国では長江（揚子江）や黄河のような大河がそれにあたるだろうが、これらの所では流域面積が非常に広いから、この広い流域で大量の雨が降れば、それらが集約される本流の水量はやはり途方もないものとなり、水害は避け難くまた途方もない規模になる可能性がある。それと、特にヨーロッパでそうであるが、広い平野部の高低差は非常に小さいため川の勾配も殆どなく、流れは非常にゆったりしている筈である。上流からはドンドン急流として大量の水が流れてきて、集まり、そこから流れがゆっくりしたものとなれば、その平野部での水位の上昇は非常に大きくなる筈であり、大水害は避けがたい。オーストリアのアルプスの町の川の流速は恐ろしいくらい早いが。逆にヨーロッパの大抵の大河のある町で見る川の流れは本当にゆったりしている。これであちこちがの土地がコンクリート、アスファルトで完全に覆われるようになった先が大いに気になる。

特に山が削られ、赤土が露出している所、露出していなくともたかだかゴルフ場のように、芝で覆われている所、こんな所では土地に保水力があるはずが無く、長期間かけて、一旦保水したものがゆっくり流れ出していたものが、一気に流れるようになったのである。山が削られていなくとも、ほとんどが人工林となって、杉や檜などの針葉樹が植えられているのも問題である。かってのように樫や椎などのようなもともとの自然の木で覆われている森の土地と杉林の土地の差は立ってみて、踏みしめてみて、触ってみれば自明である。杉林の保水力が低いのがよく分かる。

更に、植林された杉林についても、かっては計画的に間伐され、杉の間を風が吹き抜け、光が地面までである程度は届くようになっていたものが、干ばつが人件費の高騰、技術者の不足などから手抜きされ、細い杉がぎっしり密集して植えられたようになっている状態では、治水の上から極めて悪い状況で、水害、山崩れなど様々な災害を引き起こす可能性がある。

十三　西洋と東洋（日本）

明治維新によって鎖国が解かれて以来、西洋の影響を日本は大きく受けるようになったが、特に、第二次世界大戦後、西洋との接触が更に大幅に進んで我々一般大衆までが個々に接点を持つことさえあるようになってきた。経済も戦後五十年の間に世界のトップレベルにまで進んで、しかも黒船の再来と云われるように外圧が強まり、また日本人が外国へ出かけると共に、日本に入ってくる外国人、特に西洋人が急激に増え、それが単なる観光目的に限られるのでなく、その結果、我々と日常生活において接点を持つようになってきた。

その結果、急激に社会が変化しつつある。しかし、まだ日本の伝統が残っていて社会が変化しているとは云えないと云う人もいるが、私には急激に日本らしさが失われつつあるように思える。それは古い建築や絵画、物によるのではなさそうな気がする。そんな物が残っていても何か急激に日本の日本らしさの本質が失われつつあるような気がしてならない。

この平成五年の秋だけで一月平均十名程度の短期、長期の訪問者を受け入れてますますそんな気がしてくる。考え方においては殆ど西洋化した社会になってしまっているように見える。本当に西洋化することが良いだろうか。日本の何が日本に固有で、何が貴重なのだろうか。本来の日本と西洋の社会、文化の差は何かどうも気になる。違いはどこにあるのだろうか。私は単なる理工系の学者、研究者であるからそんな文化系の人の考えそうな問題が分かろう筈がないが、この頃何となくそんなことかな、と思えることが出てきた。

それは型であるような気がする。型という一つの約束事、表現形式があって、これが社会の中に枠を作り、この枠は必ずしも全てをコチコチに固定してしまうのではなく、この枠の中を、外を、周りを何かが自由に動いている、しかし、所々、色んな場所、時に型を反映することがある。そんな気がするのである。西洋社会はこの型がないか、あっても非常に実体が小さく弱く社会の中で重要な意味を持っていない。西洋社会はいわゆるエントロピーの法則に支配され、型にとらわれることなく、人間、自然、意味（趣味）のまま動いている。

これに対し日本の場合はエントロピーの法則と共にそれを律する何かの型がある。文学者、社会学者でないので表現できないが、全てにある。ただ一つの型にガチガチに固められるのではなく、その型は、小さな動きに受け手が無限の可能な変化を受け入れる。

例えば武道を見る。柔道、剣道、全て格闘技は本来、極めて早い自由自在の動きの中にその最適の型があるだろう。勿論、そこには人間の持つ人体構造上の特徴に制御された動きや、それに対する対応が自由自在の動きに制限を与えている筈であろうが、その範囲で自由自在であろう。ところが、いわゆる剣道でも、柔道でも、空手でも型がある。これは非常にゆっくりした動き、時には静である。実技としては意味がない。実際の動きの基本となる動作の型と云う事かも知れないが、それ以上にその型そのものに意義、重み、実体を感じる。美しさを感じる。花にしても、演劇にしてもそうである。極めてシンプルな型の生け花の中にこれが枠となって我々の心、頭の中に何かをイメージして作り上げる。あの歌舞伎、狂言の独特の声の出し方、セリフである、踊りの動きである。何か型に対して我々の心が豊かな肉付けをするように思想と云うか思考というか体感するようになっている。動きの型、小さな動きから受け手が様々な変化、可能性、無限の可能性を読みとる可能性を残すと云う事かも知れない。俳句だってそうである。

案外、外国の文化も結局我々日本人とは違う何かの型か枠か何かあって同じことかも知れない。

しかし、日本はこの自由と型の制約との対比が極めて重要であるように思う。同じことは動と静、柔と剛、実と虚、色々ある両極をうまく対比させるところに日本文化、社会の本来の特徴、魅力があるような気がする。色んな対極は結局、自由と型と云う事になり、象徴集約され、この型があることが特徴のような気がする。

こんなアホな事をメモするのはいつも電車の中であることが多い。友人はこんなメモが出版されることを知ると、〝吉野君、仕事が忙しい上に、こんな事までやってそんなに忙しくしたらあかんで、ストレスがたまって、体がもたんで〟と云ってくれるが、実は研究、教育、それ以外にマネージメントを含めての仕事とこのアホなメモは全く逆である。後者は原稿に締切があるわけでなく、筆が遅くて悩む必要もなし、私にとっては単なる出来心の遊びである。だから、仕事と遊びの遊びの部分である。メモしていて一向に疲れないのである。むしろストレス解消になるのである。

英光社の片岡さんが、前の日の夕方、石英ESR管を持ってきたついでに、お茶を飲みながら云ってくれた。「先生、今度魚釣りの絵をあげます。飾っておいて下さい。じっと釣り糸をたれているあの絵あげます。色んな事にあちこち走り廻らないで、あの絵のように一つのことに専念するように」片岡さんは私が研究、教育、色んな事であちこち走り廻り、また変なメモも書くことを知っていて、心身を心配して云ってくれているのである。有り難い限りである。

私は子供の頃から魚釣りが大好きである。釣り好きは必ずしものべつ間もなく釣れ続けて大漁である必要は必ずしもない。じっと、釣り糸を垂れていること自体が良い時もある。前に部屋に持ってきて見せてくれた片隅に老人が竿を垂れている中国の山水、墨絵のようなあの絵であろう。私には何となく分かる。

じっと釣り糸を垂れて、静寂そのものの絵の中には次の激音、飛躍が隠れている。静だけではない。静と次の動がやはり一対のような気がする。動の期待である。

十四　五十川物語　―ポマード―

何の前触れもなく突然ひとつの言葉が頭に浮かんでくることがある。それもずっと昔に使ってはいたが長らく使った言葉ではなく、何でそんな言葉が浮かんできたのかさっぱり分からないのである。

平成十一年の春先、阪急電車で通勤の途上、淡路駅を発車した直後、ボケッと窓の外を眺めていた私の頭にポマードなる、ふるい言葉が浮かんできた。何でこんな言葉が浮かんできたのか、さっぱり分からないが、もしかするとどっかの看板のポとマーが続けて目に入ったのかも知れない。

ともかく理由はなくとも一旦頭に浮かんだ言葉は簡単には消えなくて困る。

不思議なものである。こんな妙な言葉が頭に浮かんだその日の夕方、旧知の生方さんが教授室を尋ねてきた。遠慮がちにノックする音に〝ハイッ　どうぞ〟と返事をすると、これまた遠慮がちにドアを開けて顔を覗かせた。

「先生まだ仕事ですか。今帰るところですけど、電気が点いていたので一寸寄りましたけど、まだかかりますか、何なら駅まで送ってもいいですよ」

「有り難う、そんなら駅までのせてもらおうかな、後二、三十分で仕事が一段落するから」

そんな会話で生方さんは玄関前にワゴン車を止めて待っていてくれたが、仕事を終えて玄関まで云ったのは八時過ぎ、三十分以上立ってしまったようである。

「すみません、一寸長引いたので、十分くらい遅れました」

「かまいませんよ。さっき先生に渡そうと思っていたのに忘れてました。先生、これ」

と差し出されたのは無記名の茶色の封筒である。

「これ、何」

「昨日久し振りに五十川さんの所へ寄ったんですよ。もう大分前からうちに来られていないけどどうしてはるかなと思って顔を出してみたら、また、例の会誌に書いたから、先生に渡して下さい、とことづけられたんですよ」

五十川さんというのは、どっかの会社を辞めた後、生方さんの所で暫く仕事をされていた七十歳前後の方であり、例の会誌とはある時から入会されているらしいお寺さん関係の小さな会誌としての冊子である。

「有り難う。それじゃ、後で帰ってからゆっくり読ませて貰いますわ」

と云うことで天王寺駅でＪＲに乗り込んで、うまい具合に座席に座れたので、鞄から取り出して件の封筒を開けると　２ページ程度の五十川さんの手記が載っている。小生のエッセイもどきの本に興味を持っておられるらしい五十川さんが自分の体験談を書かれたものを小生に見せて下さったのである。

読み出して、すぐにびっくりしたことに、朝少し気にかかっていたポマードに関する話しなのである。以下その要点を少し文書を替えた上で転載させてもらうこととした。勿論、五十川さんの了解をとった上でである。

〝出会いもいろいろ〟なる題の五十川三郎さんの手記の途中から転載させてもらうこととする。

前　略

戦後一九四九年頃、叔父と二人で御堂筋難波神社西入南側、中央区南久宝寺町四丁目で化粧品の製造販売を始め、何とか軌道にのった矢先、友人の紹介で国会議員と二人で来社され、それぞれ自己紹介、

〝「クニ」ですよろしく〟

〝私は突部隊におりました、「五十川」です〟

〝エッ「トツ」部隊でしたか、無事でよかったですね〟

今でも会話はよく憶えています。

用件は「クニポマード」を売り出したのでご協力を、早速茶色の鞄より黒キャップに菊の御紋章入り金文字で「クニポマード」と刻印入り、立派なものでした。

商談成立、製造も順調に進み張り切っていたとき、突然宮内庁より製造販売中止命令、理由は菊の御紋章無断使用他、・・・・・・結局倒産、の原因の一つは武士の商法・・・・一から出直し、

後　略

この五十川さんの文書で「クニ」とあるのは戦後最初の内閣を組織し戦後処理に対応した東久邇宮稔彦元首相らしく、五十川さんの文章では〝その人の名は元防衛軍司令官陸軍大将内閣総理大臣、東久邇宮稔彦さん、とある。

このクニポマードの話を聞いて私の年齢のものはすんなりと意味が理解できるが、昭和五十年以降生まれの若い人達には理解されるのだろうか。そんな疑問から、研究室の大学院の学生さんに翌日も尋ねてみると、意外な結果であった。昼食後のお茶の席で集まった学生さんに尋ねた。

〝今の若い人、ポマードで分かるかな、もし知っていたらどんなイメージ〟

それにしても朝理由も無く頭に浮かんだことに関係することが夕方出てくるとは驚きである。こんなことを云うと、吉野は超能力が少しあるのかと云われそうであるが、心理学者か何かの人には、それは夕方にあったことから逆に朝何かを思ったように後から錯覚していると云われるかもしれない。ところが、阪急電車で浮かんで、学校に着いた直後の談話室で〝ポマード知っている〟と学生さんに尋ねていたのである。

十五　水耕栽培

この間関西電力の研究所を見学したとき、驚いたことに水耕栽培の研究がやられていた。恐らく電気エネルギーの有効利用の一環としての研究だろう。温室内で花や野菜、果物などの栽培である。水の中に必要な栄養素を混ぜて流し、水中に根を伸ばさせて温室内で成長させるのであり、適温に調節してある。こんな条件であると病害虫をおさえ

ることも出来るのである。

水耕栽培で一番印象に残っているのは巨大なトマトである。確か、筑波で開かれた万博で有名になったはずである。まるで木のように大きく成長し、一万個以上ものトマトを実らせ、それがまた美味しいというから不思議である。水耕栽培用の特殊な種類のトマトではなく、ごく普通のトマトの種類であるという。もし本当であれば、一旦普通の土の上にトマトの種を蒔いて、芽が出てきた株を二つに分けて一つを水耕栽培にもう一つを普通の露地栽培したらどうなるか比較してみたら面白い。恐らく、以前の説明からすると、その場合水耕栽培のものだけは巨大に成長し、全く違った種類のトマトのように見えるはずである。

そもそも、そんなことが可能だろうか。それが正しいと云うからにはそれをどう説明するかである。ここで素人なりに解釈してみよう。小生の持論、大抵のことは慣性の法則を拡大解釈すれば理解できる、によるとどう説明できるかである。

二つの解釈の可能性がある。本来のトマトの姿としてどちらが本当のトマトの姿であるかと云うかによって異なってくる。

まず、第一は、巨大なトマトの方が本来のトマトとする考え方である。この場合、巨大なのが自然だからそれはそれで良いことになるが、なぜ露地栽培のものが遙かに小さいかである。それは、〝拡大解釈した慣性の法則〟からすると、小さい方が命が永らえ、子孫が繁栄するからである。逆に云う本来の通り巨大化すると子孫の繁栄が危ういからと云うことになる。

巨大化してたくさんのみが実りそれから種が落ちて芽が出て子孫が増えることと考えると、たくさん芽が出て育ち始めると露地栽培の場合、栄養、養分が不足し共倒れになってしまうことをトマト自身が知っていてたくさん実がならないように大きくならないようにする。水の流れがあると、落ちた種が遠方まで拡がっていくことを知っているから安心してたくさん実を付けるということになる。また、ある程度大きくなると風邪など自然の力に耐えられないから大きくならないように自己調整していると云うことになる。余り大きくなると早く木からの水分の蒸発量が大きくなり過ぎ、根から吸い上げる水分がとても十分対応できない可能性があるので成長を止めると云うことになる。

逆に、小さな方が本来のトマトとする考え方である。この場合、〝拡大された慣性の法則からすると、本来の姿ではないが巨大化することによって初めて子孫の繁栄がもたらされるからである。巨大化してたくさんの実が実りそれから種が落ちて芽が出て子孫が増えることと考えると、今成長をしている地点は余り状況がよくないので、出来るだけ拡がって広い範囲に種をばらまき、少しでも生き残るものが出てくる可能性を求めて大きくなった。風邪もない、昆虫も余りいない非自然的な環境なので受粉できる可能性が少ないので出来るだけたくさん花を咲かせて僅かの受粉の可能性であっても結果的に何個か実をならせて種を作ろうとして大きくなった。要するに刺激が足らなくて大きくなったという考え方である。

も一つ、大体植物は地上の大きさと地下の根の大きさとは相関関係があって、根が大きなものほど地上部の幹や葉っぱも多くなれるので大きく枝を広げているようであるが、何となく足下が不安定で一生懸命根を広げた結果その拡がった根にマッチするように枝も大きく拡がったという考え方である。これについては全く逆の見方も可能であり、通常露地では地面の中で根を広げるのは大変であり、結果的に地上部も余り大きくなれないが、水耕栽培では根が自由のドンドン大きくなれるので、結果として地上部も巨大化できるという考えも可能である。

どうもこのうち直感的には前者の本来トマトは巨大であっていいというのが正解のような気がする。

ふと気がついたがこのようなハウス内での水耕栽培は何も関西電力さんの電気でなくとも太陽エネルギーを利用する太陽電池を使っても出来るはずで、むしろその方が向いているかもしれない。ハウスの屋根や壁に太陽電池を張り詰めてやるのであるが、これなら砂漠だって出来るはずである。砂漠で水が大丈夫かと云うことになるが、水もハウス内で循環させればいいはずであり、ハウスから水や水蒸気が抜けないようにしておけばいい。

屋根に太陽電池を張れば肝心の太陽光がハウス内に届かないのではと云う心配には、そのうち可視光に対し透明な太陽電池ができると思われるし、壁に貼るのであれば殆ど問題ないはずである。太陽光に対し透明な太陽電池と云うのではおかしいのではないかと云う指摘もあるかもしれないが、紫外光で太陽電池として機能すればいいはずである。紫外光で働く太陽電池であれば禁止帯幅が広いから可視域に対し透明であるはずである。

太陽電池を使うのであれば、結局関西電力さんと競合する相手に利することになるかもしれないが、早めに研究して基本概念、基本的原理、方法のところで特許を抑えておけるのなら問題ないかもしれない。変なところに同情する、妙な私である。

十六　お　手　玉

昭和三十，四十年頃までの子供達は学校から帰ると、年が四，五歳から時には十歳くらい違うこも一緒に遊ぶこともあるからか、結構昔から伝えられた遊びをしたものであるが、時折創造的な子がいて少し遊びを変形することがある。父、母、祖父、祖母の代から、あるいはもっと前から伝わっているのも多く、面白い歴史が組み込まれているようで味わいがあると思えるものもある。面白いもので、思いがけないところに、またしかも大人になってから突然思い出し、不意に、理由もなく笑ってしまうこともある。

ラジオからテレビが普及する頃から、遊びが全国化されて、遊びの境界は国境である。以前は村境、そんなことがいろいろあるものだから、いろんな人が集まるところでは何かをきっかけにそんな話題を出して楽しむこととしている。

平成十二年の夏も終わりの頃、と云うよりも本当はもう秋なのにまだ夏の暑さが残っているある日、大阪の長柄にある喫茶店薩摩に立ち寄った。どうもここの西別府さんとお店は、友達というか常連さんらしき人が、それも十年以上もの常連さんが集まって面白い話、いろんな話題が尽きなさそうである。

　その日も、子供の頃何を食べたかという話から始まった。濱田さんという人が香川県の田舎へ行って家の前でとった沢蟹を料理して食べたと云う話から、西別府さんが草鞋ナマコ、あるいは草履ナマコが大発生したのを見てからナマコが食べられなくなったと云う話し、次は遊びの話になった。地域によって男の子と女の子が別々に遊ぶ地域と男の子と女の子が一緒に遊ぶ地域、いろいろあったようである。出雲の田舎ではどちらかというと云えば男の子は男の子、女の子は女の子で遊び、遊びの種類も男女で違ったようである。濱田さんや西別府さんの方は一緒に遊ぶことも多かったようである。

「あの時、どんな歌を歌いました。女の子がやってたお手玉の時。なんか、途中で、〝お皿〟とか何とか行って手の甲に乗せたりしていましたね」

と云ったところ、濱田さんからすぐに返答があった。

「私たちは一寸違います。今思い出してみるとおかしいです」

「どんなんですか」

「お婆さんか誰かに教えて貰ったんですかね。考えるとおかしくて、よう歌いません」

「まあ、そういわんと。みんな今思い出したらおかしなことばっかりですから。どんなんですか」

やっと、渋々、それでも嬉しそうに、笑いながら云われた。

「笑わんで下さいね、お婆さんに聞きましたから。聞き間違いもあったかも知れませんし、どっか忘れて抜けているかも知れませんから」

「お願いします」

「いちれつらんぱん破裂して、日清戦争始まった、さっさと逃げるはロシア兵、死んでも尽くすは日本兵、おおみねさんでさようなら」

「面白い、面白い」

同席した人みんな大喝采である。

「何で最後におおみねさんでさようならでしょうね。どっか間違っているのかも知れません。それに日清戦争、中国との戦争でしょう。それで何でロシア兵が逃げるんでしょうね」

しばらく笑いが止まらなかった。

「子供の遊びにこんな話があるとは面白いですね」

それにしてもみんないろんなそんな思い出を持っている筈である。なぜか、それも分からないが印象に残っているが意味が一寸変、あるいは何でそんな歌がそんな場所で歌われているのか。

当分話題に事欠かなさそうである。

「波は堂々打ち寄せて、のメロディで　　郵便さん、配達さん、三時になったら何とか何とか、と歌ったりしませんでしたか。縄跳びで　　」

誰かから田舎でこんな歌を聴いていたような気がする。誰かにはっきり聞いてみたいものである。

十七　速　読

いつどんな時とははっきり分からないが、もの凄く早く本やノートが読める時と、まさに遅々として進まずと云う感じで、もの凄く読み進むのが遅くて、我ながらまどろっかしくて腹立たしくなることがある。

どうも感じでしか分からないが、ぬかるみにはまったように読み進むスピードが極端に落ちて、まさに遅々として進まずと云う時は、何も頭がボケッとしているのでなく、どうも一字一字、一字一句を確かめ、目で逐次追いかけて、しかも頭の中で口に出して復唱しているような感じで読んでいるような気がする。こんな風に読んだ時もの凄くよく分かるかと云うと、むしろ逆で、頭の中によく残らない、残らないと云うよりも意味がはっきり把握できていないことさえあるようである。

それに対してもの凄く早く読める時には、正直に云って一ページを数秒と云う感じである。この時、どうも縦書きの書であれば右上から左下にかけて斜めに目線を降ろしているようである。しかも、この斜めに読み落とすとき、必ずしも一字一字に焦点を絞って見ているのでなく、かなり広い範囲を視野に入れて読み進んでいるようである。要は視野によってカバーされるあるまとまった領域が重なりながら全紙面を眺め進んでいるようである。その時、一つの視野に入っている領域の大きさは、目から紙面が二〜三十センチくらい離れているとすると、七〜八センチくらいの径のような気がする。しかも、この一つの領域の中を一瞬にして全部順序立てて読んでいるかと云うとそうでもないようである。むしろ一瞬にして大事な単語、述語などを同時に頭に入れているようである。だから、全部が平仮名より、カタカナや漢字が混じっている方が、たくさんの語句が頭に入るようである。要するにキーワードを一瞬にして抽出して頭に入れているようである。

一体、頭の中でいっぺんに入ったものをどうしているのだろうか。私の思うには、どうも頭の中に取り込まれたキーワードをこれまた一瞬にして自分で繋げて、意味を自分で作っているような気がする。いろんないくつかの語句から一瞬にして連想して意味を捉えているようである。こうして斜めに視野を移すと大体の連想のブロックが繋がり、一ページ全体の意味が把握できているように思える。例えば、最初のブロックだけでは少しの意味の取り違え、例えば逆の結論などを持ちかけている可能性があるが、次のブロックを見た瞬間にそのブロックの推論から逆にその前のブロックの推測の修正を行っているような気がする。

考えてみれば我々が電車に乗って景色を見ている時、どの家がどうなって、木がどうなって、と見ているわけではなく、一瞬にして全体を見て主だったものを頭に入れ推論し、次の情景での一瞬の推論と整合性を見てフィードバックをかけながら進んでいるような気がする。

従って、速読できるかどうかは自分の経験と知識がある程度は背景にあるだろう。だから、全く自分には知識のないこと、経験のないことなどでは、一瞬の連想が出来ないから速読は難しいのではなかろうか。

世の中には速読術なるものがあって、もの凄いスピードで書物を読む特殊技術を訓練で身につけている人がいるようであるが、そんな人が同じようなことをやっているかどうかは全く知らない。しかし、何となく、そんな気がすると云うことである。

考えてみると、人間は文字を発明して以来、それにもの凄く逆に影響されて、それが人間の思考、判断を左右するものとなっていると思える。

今の時代に文字無しでの生活は考えられないが、文字が主でなく、単に補助手段であって、文字から入る情報が一つの絵のようになって人間の頭の中に情景を映し出し、それに人間の感性が応じているとする方が分かりやすいような気がする。

速読術というのは文字を利用しているが、文字に束縛されなくなるレベルまで超越できた時に可能となると云うことかも知れない。それにしても人間の能力の凄さには恐れ入ってしまう。

例えば、電車の中で今いる状況を一瞥するとしよう。それで車内の様子がすっかり分かる。二十人、三十人いても大体分かる、この一瞬に見た内容を全て文字で表現するとなるとどれだけの字数が必要だろう。信じられないくらい多いに違いない。一瞬が数億、数兆字に対応するのかも知れない。もっともっと多いのかもしれない。逆に文字を読むとき、これは極めて僅かの情報を含んだものである。これからどう肉付けするかは各自の能力である。キーワードの組からいろんなこと、物が的確に想定できると云うことだろう。

ここまで来て、気がついたが、どうも人の話を聞くのも似たことをしているのかもしれない。不鮮明な話でも結構聞き取れて意味が分るのは、どうもキーワードさえ聞き取れれば後は頭の中で一瞬にして全体の話が出来上がるのかもしれない。だから誰かと話すとき、共通の意識、経験、ものの考え方の基盤がないと、意味の取り違え、誤解が多くなるのかもしれない。

それにしても小生の話は聞き取りにくいと云われたり、誤解を受けることがある。話し言葉にズーズー弁の出雲弁が入っているからか、余り口を大きく開けて話をしないからか、早口だからか、それとも声が小さいからかと思っていたが、案外、小生の頭の中と、話を聞いている人の頭の中に共通点が少ないからかもしれない。誰かには云われそうである。〝吉野君の頭が常識はずれだよ〟

略歴

吉野《よしの》 勝美《かつみ》 工学博士
昭和十六年十二月十日 島根県生まれ玉湯小学校、玉湯中学校、松江高等学校を経て、
昭和三十五年大阪大学工学部電気工学科入学、昭和三十九年同卒業
昭和四十一年大阪大学大学院修士課程修了、昭和四十四年同博士課程修終了
昭和四十四年大阪大学工学部助手、昭和四十七年同講師、昭和五十三年同助教授、
昭和六十三年大阪大学工学部電子工学科教授。
平成十年大阪大学大学院工学研究科電子工学専攻教授に配置換
昭和四十九年～五十年ベルリン、ハーン・マイトナー原子核研究所客員研究員
平成八年～十二年東北大学大学院工学研究科電子工学専攻教授併任
平成十七年大阪大学定年退職、大阪大学名誉教授、島根大学客員教授、島根県産業技術センター技術顧問
応用物理学会賞、大阪科学賞、電気学会業績賞、日本液晶学会業績賞、電子情報通信学会フェロー、IEEEフェローなど受賞 元電気学会副会長、元日本液晶学会会長

主な著書

「電子・光機能性高分子」(講談社)、「分子とエレクトロニクス」(産業図書)、「導電性高分子の基礎と応用」(アイピーシー)、「高速液晶技術」(シーエムシー)、「自然・人間・放言備忘録」(信山社)、「雑学・雑談・独り言」(信山社)、「雑音・雑念・雑言録」(信山社)
「液晶とディスプレイ応用の基礎」(コロナ社)、「吉人天相」(コロナ社)、「分子機能材料と素子開発」(エヌティーエス)、「過去・未来五十年」(コロナ社)、「導電性高分子のはなし」(日刊工業新聞社)、「有機ELのはなし」(日刊工業新聞社)、「番外講義」(コロナ社)
「番外国際交流」(コロナ社)、「電気電子材料工学」(電気学会)、「高分子エレクトロニクス」(コロナ社)、「液体エレクトロニクス」(コロナ社)、「温故知新五十年」(コロナ社)
「番外研究こぼれ話」(コロナ社)「フォトニック結晶の基礎と応用」(コロナ社)

最終講義 ―研究者としての半生を振り返って―

発行日 平成17年12月10日 初版 第1刷発行
著者 吉野勝美
発行者 朱来辰巳
発行所 株式会社コロナ社
〒112 東京都文京区千石4-46-10
振替 00140-8-14844
電話 (03)3941-3131(代)
印刷・製本 やまかつ株式会社

ISBN 4-339-08285-6 C1095 ¥952E